高等职业教育"十四五"系列教材
高等职业教育土建类专业"互联网+"数字化创新教材

传感器与物联网技术

张智靓　主　编
林　章　武　蕾　张晓欣　陈凯亮　副主编
董　娟　主　审

中国建筑工业出版社

图书在版编目（CIP）数据

传感器与物联网技术 / 张智靓主编 ； 林章等副主编. -- 北京 ： 中国建筑工业出版社，2025.2. -- （高等职业教育"十四五"系列教材）（高等职业教育土建类专业"互联网+"数字化创新教材）. -- ISBN 978-7-112-30843-9

Ⅰ. TP212；TP393.4；TP18

中国国家版本馆CIP数据核字第2025UD5628号

本教材以传感器和物联网技术为主要内容，以建筑行业为背景，介绍传感器与物联网技术在建筑施工、智能建筑中的应用。本教材主要内容包括导论、物联网技术、塔机安全监控系统、深基坑监测系统、高支模监测系统、环境监测系统、空调自动监控系统及智能家居系统。

本教材可作为高等职业院校建筑电气工程技术、建筑智能化工程技术和智能建造工程技术等专业的课程用书，也可供建筑工程施工现场技术人员工作参考使用。

为方便教师授课，本教材作者自制免费课件，索取方式为：1.邮箱jckj@cabp.com.cn；2.电话（010）58337285；3.扫描右侧二维码下载。

《传感器与物联网技术》课件

责任编辑：陈冰冰　李天虹　李　阳
责任校对：芦欣甜

高等职业教育"十四五"系列教材
高等职业教育土建类专业"互联网+"数字化创新教材

传感器与物联网技术

张智靓　主　编
林　章　武　蕾　张晓欣　陈凯亮　副主编
董　娟　主　审

*

中国建筑工业出版社出版、发行（北京海淀三里河路9号）
各地新华书店、建筑书店经销
北京鸿文瀚海文化传媒有限公司制版
建工社（河北）印刷有限公司印刷

*

开本：787毫米×1092毫米　1/16　印张：9¾　字数：221千字
2025年2月第一版　　2025年2月第一次印刷
定价：**38.00**元（赠教师课件）
ISBN 978-7-112-30843-9
（44095）

版权所有　翻印必究
如有内容及印装质量问题，请与本社读者服务中心联系
电话：（010）58337283　QQ：2885381756
（地址：北京海淀三里河路9号中国建筑工业出版社604室　邮政编码：100037）

前言

随着建筑行业向智能化、绿色化、数字化的转型升级,建造全过程对互联网、物联网、大数据、云计算、移动通信、人工智能等新技术的创新应用需求日益增长。物联网技术,作为新一代信息技术的关键组成部分,通过传感器、RFID标签等核心技术,实现了物体的智能化连接与管理,其应用领域涵盖从智能建筑到智能家居,从环境监测到工业自动化控制,物联网技术正在深刻地改变我们的工作与生活方式,并推动传统建造技术向智能建造技术转变。因此,当前建筑施工技术人员掌握一定的传感器和物联网技术知识变得尤为重要。

本教材采用模块化情境教学设计,针对智能建造过程中典型的传感器和物联网技术应用情况,设置真实情境模块,将知识和技能层层分解在这些情境模块中。用引导的方法逐步展开各项学习任务,教师可以面对设备边讲边演示,学生模拟操作完成项目任务,让学生在真实情境中由浅入深地学习相关知识,在操作中达到理论与实践的深度融合,完成学生专业知识的内化建构。

本书模块一、七由浙江建设职业技术学院张智靓编写;模块二由浙江建设职业技术学院林章编写;模块三、四由浙江建设职业技术学院张晓欣编写;模块五、六由浙江建设职业技术学院武蕾编写;模块八由浙江建设职业技术学院陈凯亮编写。本书在编写过程中得到智能建造国家级教学团队及智能建造企业的大力支持,提供了大量案例及技术资料,在此表示衷心感谢!全书由黑龙江建筑职业技术学院董娟主审,在此表示诚挚的谢意!

由于编者专业水平有限,时间仓促,书中难免存在疏漏和错误,恳请读者批评指正。

目 录

模块一　导论 ... 001
- 1.1　传感器技术 ... 001
- 1.2　物联网技术 ... 003

模块二　物联网技术 ... 006
- 2.1　物联网的基本知识 ... 007
- 2.2　常用物联网技术 ... 010
- 2.3　无线传感器网络 ... 016

模块三　塔机安全监控系统 ... 024
- 3.1　塔机安全监控系统 ... 025
- 3.2　塔机安全监控系统功能 ... 026
- 3.3　塔机安全监控系统设备 ... 026

模块四　深基坑监测系统 ... 043
- 4.1　深基坑安全监测的功能 ... 044
- 4.2　深基坑安全监测的设备 ... 046
- 4.3　深基坑安全监测的频率和阈值 ... 053

模块五　高支模监测系统 ... 058
- 5.1　高支模监测系统功能 ... 058
- 5.2　高支模监测系统设备与功能 ... 062

模块六　环境监测系统 ... 071
- 6.1　环境污染物的来源 ... 072
- 6.2　环境监测传感器 ... 073
- 6.3　环境监测系统的组成 ... 089

模块七　空调自动监控系统　　091

7.1　空调自动监控系统·· 092
7.2　空调自动监控系统常用传感器·· 093

模块八　智能家居系统　　122

8.1　智能家居系统的组成及架构·· 123
8.2　智能家居系统的传感器·· 125

参考文献　　148

模块一　导论

建筑行业是我国国民经济的重要物质生产部门和支柱产业之一，为我国经济持续健康发展提供了有力支撑。2017年2月24日，国务院办公厅印发了《关于促进建筑业持续健康发展的意见》（国办发〔2017〕19号），提出了要加强施工现场安全防护，特别要强化对深基坑、高支模、起重机械等危险性较大的分部分项工程的管理，在新建建筑和既有建筑改造中推广智能化应用；2020年7月3日，住房和城乡建设部联合发展改革委、科技部、工业和信息化部、人力资源社会保障部、交通运输部、水利部等十三个部门联合印发《关于推动智能建造与建筑工业化协同发展的指导意见》（建市〔2020〕60号），提出加快推动新一代信息技术与建筑工业化技术协同发展，在建造全过程中加大互联网、物联网、大数据、云计算、移动通信、人工智能等新技术的集成与创新应用。大力推进先进制造设备、智能设备及智慧工地相关装备的研发、制造和推广应用，加快传感器、高速移动通信、无线射频、近场通信及二维码识别等建筑物联网技术应用，提升数据资源利用水平和信息服务能力，加快打造建筑产业互联网平台，推广应用钢结构构件智能制造生产线等。

在建造中应用传感器和物联网等技术手段，使整个建造过程智慧化，建立互联协同、智能生产、科学管理的施工项目信息化生态圈，这一举措既能使各方信息得到有效共享，高效利用能源，又能增加施工过程中的安全性，实现工程施工可视化智能管理，从而实现智慧建造、绿色建造和生态建造。

1.1　传感器技术

1.1.1　传感器的定义

初识传感器技术

《传感器通用术语》GB/T 7665—2005中，将传感器定义为能感受被测量并按照一定的规律转换成可用输出信号的器件或装置，通常由敏感元件和转换元件组成。敏感元件指传感器中能直接感受或响应被测量的部分，转换元件指传感器中能将敏感元件感受或响应的被测量转换成适于传输或测量的电信号部分。图1.1为传感器的组成图。

图1.1 传感器的组成

在传感器中,敏感元件用于检测被测量的信息,再由转换元件转换成电参量。而测量转换电路的作用是将转换元件输出的电参量转换成易于处理的电压、电流或者频率量。

并非所有的传感器都会有敏感元件和转换元件。如果敏感元件可以直接输出电参量,它就同时起到了敏感元件和转换元件的双重作用;如果转换元件能直接感受被测量并且输出与之有一定规律的电参量,这时就不需要敏感元件了。敏感元件和转换元件合二为一的传感器类型十分广泛,如热电偶、热敏电阻、压电元件、光电元件等。

1.1.2 传感器的分类

传感器的种类繁多,分类方法各不相同。常用的分类方法如下。

(1) 按被测量分类,可分为力、压力、温度、振动、转速、位移、加速度、流量、流速等。

(2) 按工作原理分类,可分为电阻、电感、电容、热电偶、超声波、红外、光纤等。

(3) 按能量的传递方式分类,可分为有源传感器和无源传感器。

① 有源传感器

有源传感器可以被看作是一台小型发电机,能将非电量转换为电量,它必须有用于信号放大的信号放大器。所以有源传感器是一种将非电能转化成电能的变换器,如压电传感器、热电偶传感器、电磁式传感器等。

② 无源传感器

无源传感器不进行能量的转换,被测非电量在传感器中控制或调节能量,因此它必须具备辅助电源,如电阻式传感器、电容式传感器和电感式传感器等。

(4) 按输出信号的性质分类,可分为模拟传感器与数字传感器。模拟传感器输出的模拟信号不能直接进入计算机,要先通过A/D转换器转换,然后才能用计算机进行信号分析和处理。而数字传感器就可以直接将输出信号送入计算机进行处理。

1.1.3 传感器的选用原则

现代传感器在原理与结构上千差万别,被测量种类也多种多样。如何根据具体的测量目的、测量对象以及测量环境合理地选用传感器,是在组成测量系统时首先要解决的问题。当传感器确定之后,与之相配套的测量方法和测量设备也就可以确定了。测量结果的好坏,在很大程度上取决于传感器的选用是否合理。

要进行一个具体的测量工作,如何选择合适的传感器,需要分析多方面的因素之后才能确定。要根据被测量的具体特点和各种传感器的使用条件认真分析,如测量量程大小、对传感器体积的要求、测量方式是否为接触式、信号的传递方式是否为远传、传感器的性价比等。概括起来应该从以下几方面的因素进行考虑。

1. **与测量条件有关的因素**

（1）测量的目的；

（2）被测量的选择；

（3）测量范围；

（4）输入信号的幅值、频带宽度；

（5）精度要求；

（6）测量所需的时间。

2. **与传感器有关的技术指标**

（1）精度；

（2）稳定性；

（3）响应特性；

（4）模拟量与数字量；

（5）输出幅值；

（6）对被测物体产生的负载效应；

（7）校正周期；

（8）超标准过大的输入信号保护。

3. **与使用环境条件有关的因素**

（1）安装现场的条件及情况；

（2）环境条件（湿度、温度、振动等）；

（3）信号传输距离；

（4）所需现场提供的功率容量；

（5）安装现场的电磁环境。

4. **与购买和维修有关的因素**

（1）价格；

（2）零部件的储备；

（3）服务与维修制度、保修时间；

（4）交货日期。

1.2 物联网技术

1.2.1 物联网的概念

物联网起源于传媒领域，是新一代信息技术的重要组成部分，是信息科技产业的第三次革命。物联网（Internet of Things，IoT），顾名思义，是指物物相连的互联网。通过信息传感设备，按约定的协议，将任何物体与网络相连接，物体通过信息传播媒介进行信息交换和通信，以实现智能化识别、定位、跟踪、监管等功能。物联网有两层含义：第一，物联网的核心和基础仍然是互联网，是在互联网基础上的延伸和扩展的网络；第二，其用户端延伸和扩展到了任何物品与物品之间，进行信息交换和通信。因此，物联网是通过射频识别（RFID）、红外感应器、全球定位系统、激光扫描器等信息传感设备，按约定的协议，把任何物品与互联网相连接，进行信息交换和通信，以实现对物品的智能化识别、定位、跟踪、监控和管理的一种网络。

1.2.2 物联网的关键技术

在物联网应用中有以下关键技术：

（1）传感器技术，这也是计算机应用中的关键技术。绝大部分计算机处理的都是数字信号，传感器需要把模拟信号转换成数字信号（A/D转换）后，计算机才能处理。

（2）RFID标签也是一种传感器技术，RFID技术是融合了无线射频技术和嵌入式技术为一体的综合技术，RFID在自动识别、物品物流管理等领域有着广阔的应用前景。

（3）嵌入式系统技术，是综合了计算机软硬件、传感器技术、集成电路技术、电子应用技术为一体的复杂技术。经过几十年的演变，以嵌入式系统为特征的智能终端产品随处可见，小到人们身边的MP3，大到航天航空的卫星系统。嵌入式系统技术正在改变着人们的生活，推动着工业生产以及国防工业的发展。如果把物联网用人体做一个简单比喻，传感器相当于人的眼睛、鼻子、皮肤等感官，网络就是神经系统用来传递信息，嵌入式系统则是人的大脑，在接收到信息后要进行分类处理。这个例子形象地描述了传感器、网络、嵌入式系统在物联网中的作用。

（4）智能技术，是为了有效达到某种预期的目的，利用知识所采用的各种方法和手段。通过在物体中植入智能系统，可以使得物体具备一定的智能性，能够主动或被动地实现与用户的沟通，也是物联网的关键技术之一。

1.2.3 物联网的架构

物联网典型体系架构分为3层，自下而上分别是感知层、网络层和应用层。感知层能实现物联网全面感知的核心能力，是物联网中关键技术、标准化、产业化方面急需突破的部分，其发展的关键在于具备更精确、更全面的感知能力，并实现低功耗、小型化和低成本的目标。网络层主要以广泛覆盖的移动通信网络作为基础设施，是物联网中标准化程度最高、产业化能力最强、最成熟的部分，其发展的关键在于为物联网应用特征进行优化改造，形成系统感知的网络。应用层提供丰富的应用，将物联网技术与行业信息化需求相结合，实现广泛智能化的应用解决方案，关键在于行业融合、信息资源的开发利用、低成本高质量的解决方案的提出、信息安全的保障及有效商业模式的开发。

物联网体系主要由运营支撑系统、传感网络系统、业务应用系统、无线通信网系统等组成。

通过传感网络，可以采集所需的信息，顾客在实践中可运用RFID读写器与相关的传感器等采集其所需的数据信息，在网关终端进行汇聚后，可通过无线网络远程将其顺利地传输至指定的应用系统中。此外，传感器还可以运用ZigBee与蓝牙等技术实现与传感器网关有效通信的目的。

运用传感器网关可以实现信息的汇聚，同时可运用通信网络技术使信息可以远距离传输，并顺利到达指定的应用系统中。我国无线通信网络主要有5G、WLAN、LTE、GPRS等。

业务应用系统主要提供必要的应用服务，包括智能家居服务、一卡通服务、水质监控服务等，所服务的对象不仅仅为个人用户，也可以为行业用户或家庭用户。

1.2.4 物联网的发展

《物联网"十二五"发展规划》中提出二维码作为物联网的一个核心应用，物联网终于从"概念"走向"实质"。二维码（2-dimensional Bar Code）是通过某种特定的几何图形按一定规律在平面（二维方向上）分布的黑白相间的图形记录数据符号信息；在代码编制上巧妙地利用构成计算机内部逻辑基础的"0"、"1"比特流的概念，使用若干个与二进制相对应的几何形体来表示文字数值信息，通过图像输入设备或光电扫描设备自动识读以实现信息自动处理。二维条码/二维码能够在横向和纵向两个方位同时表达信息，因此能在很小的面积内表达大量的信息。

物联网把新一代IT技术充分运用在各行各业之中，具体地说，就是把感应器嵌入和装备到电网、铁路、桥梁、隧道、公路、建筑、供水系统、大坝、油气管道等各种物体中，然后将物联网与现有的互联网整合起来，实现人类社会与物理系统的整合，在这个整合的网络当中，存在能力超级强大的中心计算机群，能够对整合网络内的人员、机器、设备和基础设施实现实时的管理和控制，在此基础上，人类可以利用更加精细和动态的方式管理生产和生活，达到"智慧"状态，提高资源利用率和生产力水平，改善人与自然间的关系。

模块二　物联网技术

【任务背景】

物联网技术正迅速成为智能建造、建筑智能化以及建筑电气工程等领域不可或缺的一环，它通过连接设备、系统和服务，实现数据的无缝交换和智能决策，极大地提高了这些领域的效率和创新能力（图2.1）。物联网作为连接物理世界与信息网络的桥梁，通过传感器、网络通信等技术收集、传输和处理数据，实现智能化的监控和管理。在智能建造、建筑智能化以及建筑电气工程等领域，物联网技术的应用不断深入，推动了这些行业的革新和发展。

本模块系统地介绍物联网技术的基础知识、关键技术、应用领域以及发展趋势。通过深入浅出的讲解和丰富的实例分析，使学生能够全面理解物联网技术的概念、架构以及在智能建造中的应用，从而培养技术应用能力和创新思维。本模块将覆盖物联网的基本概念、技术组成、网络架构以及在智能建造中的具体应用，包括但不限于智能监控系统、自动化控制系统、能效管理等方面。同时，考虑到物联网技术的快速发展和行业应用的不断深化，本模块也将介绍最新的技术动态和未来的发展趋势，帮助学生把握技术发展脉络，提升未来的职业竞争力。

本模块不仅要让学生掌握物联网技术的理论知识，更重要的是通过实践学习和案例分析，激发学生的学习兴趣和创新能力，为其未来在智能建造领域的工作和研究奠定坚实的基础。

【任务导入】

在我们深入探索物联网技术的旅程开始之前，让我们先设定一个实际的场景来引导我们的学习任务。想象一下，我们位于一个智能化的建筑中，这座建筑能够通过感知环境变化、实时收集数据并自动调节内部系

图2.1　物联网技术

统以优化能耗和提高居住舒适度。实现这一切离不开物联网技术的支撑。本模块的学习任务将带领我们一步步了解物联网技术的核心组成,探究它是如何在智能建造中发挥作用的。通过具体的项目案例,我们将学习如何设计、实施并优化物联网系统,以解决实际问题,提升建筑智能化水平。这不仅是对理论知识的学习,更是对未来技术应用的一次实践探索。

【知识内容】

2.1 物联网的基本知识

物联网的基本知识

2.1.1 物联网的概念

物联网作为新一代信息技术的核心,已经成为现代社会不可或缺的一部分,它是一种通过互联网、传感器和其他技术,实现物与物之间、人与物之间信息交流和控制的系统。这一概念突破了传统互联网的人与人之间的互联互通,扩展到了任何物品与物品之间,以及人与物品之间的智能互联。物联网的基础依然是互联网,它不仅继承了互联网的连接功能,还通过嵌入式传感器、控制器等设备,使得物理世界的对象能够被识别、监测和控制。这种技术的延伸和扩展,实现了对物理世界的更加深入的感知和互动,使得"智能"不再是遥远的概念,而是融入日常生活的方方面面。

在定义上,物联网并没有一个统一且固定的表述,这主要是因为它是一个跨学科、跨领域的综合技术体系,随着技术的发展和应用场景的不断扩展,物联网的内涵也在不断丰富和演化。简单来说,物联网可以被视为一个巨大的网络,其中不仅包括传统的计算机和移动通信设备,还包括各种传感器和智能设备,它们通过预定的协议相连,实现数据的采集、传输、分析和处理,以支持各种智能应用的实现。

物联网技术的核心价值在于通过实时数据的收集和分析,为用户提供更加精准、高效的服务和管理能力,这不仅体现在生活便利性的提升上,更重要的是能够促进产业的智能化升级,为经济发展带来新的增长点。从智能家居、智慧城市到工业互联网,物联网技术的应用正在深刻改变着社会的运作方式,推动着社会进入一个全新的"智能"时代。

物联网的概念起源于传感网络,它利用信息传感器,如射频识别(RFID)、环境传感器、全球定位系统(GPS)、激光扫描等技术,与互联网融合,构成一个全球性的网络。这个网络的核心目的是实现物品的智能互联,使得各种物体都可以通过网络进行有效的识别和管理。

物联网作为一种全新的信息通信技术,按照特定的协议将各种物品通过互联网连接起来,构建成一个覆盖世界的智能化网络。这个网络不仅仅包含了传感器网络、RFID、红外感应、条形码及二维码扫描、GPS和激光扫描等技术,还包括了多种基于物与物通信的短距离无线传感网络。通过这些技术,物联网能够实现对物体的智能化识别、定位、跟踪、监控和管理。

此外，物联网的应用让原本仅限于人与人之间互动的互联网扩展到一个全新的维度，实现了人与物、物与物之间的通信。物联网通过将物品及其属性标识后连接到互联网，为人类提供了前所未有的获取物品信息的方式。这种信息的提取、处理和应用将在生产和生活中带来深远的影响。

物联网的构成要素包括信息接收器、数据传输通路、存储能力、中央处理单元（CPU）、操作系统、特定应用程序、数据发送器、符合物联网通信协议的设备以及拥有唯一标识的网络设备。

在物联网的概念中，我们强调通过传感技术感知物体和环境的关键参数，并通过无线通信技术传输到信息网络，最终在后端进行数据的分析、处理，并转化为有价值的决策信息。这一过程涉及对现实世界的智能控制和响应。物联网的未来发展将可能结合人工智能、区块链、增强现实、人体增强技术、机器人、自动驾驶车辆、无人机等前沿技术，实现一个更为智能化、自主化的生活和生产环境。

2.1.2 物联网的架构

物联网的架构与互联网有本质的区别。互联网构建了一个全球性的计算机通信网络，其核心在于连接人与信息。相较之下，物联网的核心在于连接"物"，它不仅利用互联网和无线通信网络资源传送业务信息，也是自动化控制、远程操作和信息技术应用的集大成者。物联网的价值在于将近场通信、信息采集和网络技术、终端设备的功能结合，从而形成一个更为广泛和深入的网络系统。

在设计物联网系统的架构时，需要遵守几个核心原则：

（1）多样性：物联网架构应根据服务类型和节点特性来设计，形成多样化的系统结构，而非追求一个统一的标准化体系。

（2）时空性：考虑到物联网的持续发展，其架构应满足不断变化的时间、空间和能源需求。

（3）互联性：物联网架构需与现有互联网平滑地衔接，而不是尝试设计一套全新的通信协议和语言。

（4）可扩展性：在架构设计上应预留扩展性，充分利用现有的网络通信基础设施，以保护投资并适应未来的发展。

（5）安全性：考虑到物联网互联的特性，其安全性策略应高于传统的计算机网络，能够抵御广泛的网络安全威胁。

（6）健壮性：物联网系统的架构需要具备高度的可靠性和强健性，以保证系统的稳定运行。

物联网作为一个综合性的技术集成系统，根据信息的生成、传输、处理和应用，其架构一般被划分为三个主要层次：感知层、网络层和应用层。图2.2展示了物联网的三层结构体系架构。

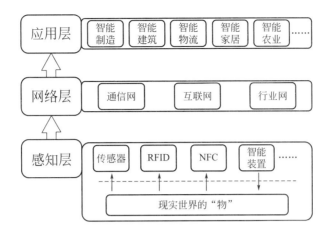

图 2.2 三层结构体系架构

感知层负责收集信息，是连接物理世界和数字世界的桥梁。它通过传感器、RFID 标签等设备捕捉环境和物体状态的各类数据，进行初步的处理，并为后续的数据传输做准备。近年来，随着智能设备，如智能手机和可穿戴设备的普及，感知层的功能也在不断扩展，使得物联网能够获取更加丰富和多样化的数据。

网络层则是物联网体系架构的中枢神经，负责将感知层收集的数据传送至应用层。这个层级包括各种有线和无线通信网络，如 Wi-Fi、蓝牙、ZigBee、LoRa、NB-IoT 以及各代移动通信网络（2G～5G）。网络层不仅要确保数据的高效传输，还要保证传输过程的安全性和可靠性。

应用层是物联网体系架构的最顶层，它基于网络层传送来的数据，提供丰富的应用和服务。这一层涉及数据的深度处理、分析和挖掘，以及最终的决策制定。应用层的服务可以覆盖智能家居、智慧城市、智能交通等众多领域，通过专业的数据分析和智能算法，为用户提供精准的信息服务。

此外，应用层还包括应用支撑平台子层和应用服务子层。支撑平台子层通过中间件、云计算等技术，为跨领域的信息协调和共享提供基础设施。而应用服务子层则是直接面向终端用户的各种行业应用，这些应用经过针对特定行业的定制和优化，可以提供从生态环境监测到远程医疗、智能农业等综合管理服务，是物联网实现智能化控制的关键所在。

2.1.3 物联网的发展前景

物联网的发展前景极为广阔，其在全球范围内持续展现出强劲的增长势头。物联网技术的不断进步和应用范围的扩大，预示着未来物联网行业将进一步拓展至更多领域，如智慧城市、智能制造、智能交通、智能家居、智能医疗、智慧农业等。此外，物联网技术与人工智能、云计算、大数据、区块链等其他技术的融合和创新，预计将实现更智能化、高效化的应用。

全球物联网市场规模近年来保持稳步增长，2024 年预计达到上万亿美元，展现出良好的发展态势。在中国，物联网的发展基本同步于全球，已形成了完整的产业体系，显示出巨大的市场前景。政策上，政府大力推进物联网发展，"十四五"规划中多次提及物联网相关发展计划，强调数字经济的7大重点产业中就包括物联网。这些政策的支持，为物联网行业提供了强大的动力和广阔的发展空间。技术上，物联网的技术架构提供了一个全面的框架，支撑着从数据采集到智能应用的完整过程。随着技术的进步和应用的深化，物联网技术将在智能化服务、精准农业、智能制造等方面发挥更大作用。竞争格局方面，中国物联网市场呈现出活跃的竞争态势，许多企业在感知层、网络层和应用层的各自领域中积极布局，推动行业快速发展。区域上，北京、浙江、广东和山东成为物联网技术和应用的主要集聚地。

物联网的应用领域广泛，涵盖了生活的多个方面，以下为几个关键领域：

（1）智慧城市：物联网技术在智慧城市建设中发挥着核心作用，包括交通管理、公共安全、环境监测、智慧照明、垃圾管理等方面，以提高城市管理效率和居民生活质量。

（2）智能制造：在制造业中，物联网技术被用于实现生产线的自动化、设备维护的预测、生产过程的优化、供应链管理等，大大提高了生产效率和产品质量。

（3）智能家居：物联网技术允许家庭用户通过智能设备（如智能灯泡、智能插座、智能安全系统等）进行家居自动化，提高了生活的便利性和舒适度。

（4）智能交通：物联网在交通领域的应用包括智能交通系统、车联网、智能停车解决方案等，可以有效缓解交通拥堵，提高道路安全。

（5）医疗健康：物联网技术在医疗领域的应用包括远程医疗、患者监测、智能药物分发等，旨在提高医疗服务的质量和效率。

（6）智慧农业：通过部署各种传感器和设备，物联网技术能够实现农作物的精准种植、灌溉、病虫害防治等，提高农业生产效率和作物产量。

（7）能源管理：物联网技术被用于实现能源的高效管理，包括智能电网、远程能源监控、能源消耗优化等，有助于节能减排。

这些应用不仅展示了物联网技术的多样性，也反映了其在推动社会和经济发展中的重要作用。随着技术的进步和应用的深入，物联网预计将渗透到更多领域，带来更加广泛的影响。

2.2 常用物联网技术

2.2.1 物联网感知技术

1. RFID技术

RFID（Radio Frequency Identification，射频识别）技术是物联网感知层中的一项核心技术，它利用无线电波实现对标签附着物体的识别和跟踪。RFID系统主要由三个部分组成：标签（Tag）、读写器（Reader）和后端数据库（Backend Database）。

（1）标签：标签是附着在物体上的设备，包含微型芯片和天线。芯片中存储有物体的相关信息，天线则用于接收读写器发出的信号并回传信息。标签按照是否有电池供电可以分为有源标签和无源标签，无源标签没有自身的电源，其工作电力来自于读写器的信号；有源标签则内置电源，能够主动发送信号，因此其工作距离通常更远。

（2）读写器：读写器是一个发射和接收无线电波的设备，用于与标签进行通信。当读写器发射一个无线电信号时，标签通过其内置天线接收信号，并使用从读写器获取的能量激活芯片上的信息，然后将这些信息通过无线电波发送回读写器。

（3）后端数据库：读写器接收到信息后，会将其传输到后端数据库。数据库软件将读取到的信息与存储的数据进行比对，完成识别、跟踪和管理任务。

RFID技术的优点包括：

（1）非接触识别：可以在无需直接接触的情况下识别标签，即使标签被覆盖或者脏污也不影响识别。

（2）快速扫描：可以同时识别多个标签，极大提高了工作效率。

（3）数据存储量大：相比于传统的条形码，RFID标签可以存储更多的数据。

（4）读取距离远：有源标签的读取距离可以达到数百米。

（5）环境适应性强：RFID标签可以在高温、低温、污染等恶劣环境下工作。

RFID技术在物联网中的应用非常广泛，如供应链管理、零售行业、资产管理、个人身份识别、智能交通等。随着物联网技术的不断发展，RFID作为一种成熟的感知技术，日益成为实现智能化管理和操作的重要工具。

2. NFC技术

NFC，全称是Near Field Communication，即近场通信。它是一种短距离的高频无线通信技术，允许电子设备在几厘米范围内进行通信。NFC技术基于RFID技术，但与RFID不同的是，NFC的工作频率为13.56MHz，传输距离更短，通常在10cm以内。NFC技术能够快速实现设备配对和数据交换，操作简便，用户只需将NFC设备靠近另一台NFC设备或NFC标签即可完成交互。NFC技术支持三种通信模式：卡模拟模式（Card Emulation）、读写模式（Reader/Writer）和对等模式（Peer to Peer）。

NFC技术的主要优势在于其简便性和安全性。由于通信距离短，NFC交易具有较高的安全性，难以被恶意拦截。此外，NFC技术的低功耗特性也使其非常适合于移动设备使用。

尽管NFC技术的应用日益广泛，但其在推广过程中也面临一些挑战，如兼容性问题、用户隐私保护等。未来，随着技术的不断完善和普及，NFC技术有望在物联网领域发挥更大的作用，为用户提供更加便捷、安全的服务。

3. 传感器技术

传感器技术是物联网感知层的核心，负责收集和转换来自物理世界的数据。它包括一系列的装置和方法，用于检测和记录物理、化学或生物参数。传感器能够将这些参数转换成电信号，进而被计算机系统所理解和处理。这些技术在环境监测、健康监测、工业自动化、智能家居等领域有着广泛的应用。

传感器按照检测对象的不同可以分为多种类型，包括温度传感器、湿度传感器、压力传感器、光传感器、声音传感器、位置传感器等。每种传感器都有其独特的工作原理和应用场景。例如，温度传感器可以用于环境温度监测和设备温度控制，而位置传感器则广泛应用于定位和导航系统。

随着技术的发展，传感器正变得越来越智能，能够进行数据预处理和简单的决策分析。例如，一些传感器集成了数据过滤和噪声抑制功能，能够提供更准确的测量结果。此外，传感器的小型化和低功耗设计也使其更适合移动设备和穿戴设备使用。

在物联网系统中，传感器不仅是数据收集的工具，更是智能化管理和控制的基础。通过对来自传感器的实时数据进行分析，物联网系统可以做出快速反应，实现自动控制和优化管理。例如，在智能农业中，通过分析土壤湿度传感器和气象传感器收集的数据，灌溉系统可以自动调整水量，以满足作物的需求，提高水资源的利用效率。

未来，随着新材料、新技术的不断涌现，传感器技术将更加多样化和高效化。这将进一步推动物联网的发展，使我们能够更加深入地理解和控制我们的物理世界。

2.2.2 物联网网络技术

物联网网络技术

1. 蓝牙技术

蓝牙技术是一种无线通信技术，允许设备在短距离内（通常是10m左右，使用功率放大器可达100m）进行数据交换。蓝牙技术的目标是简化移动设备之间的通信方式，取代传统的有线连接，其广泛应用于各种设备，如智能手机、平板电脑、笔记本电脑、耳机、音箱、打印机等。蓝牙技术使用2.4GHz的ISM（Industry Science Medicine）频段进行通信，该频段在全球范围内免费且不需要许可。蓝牙技术的核心优势包括：

（1）低功耗：蓝牙技术特别注重能源效率，特别是蓝牙4.0引入的蓝牙低功耗（BLE）技术，使得设备在保持通信的同时，能够显著降低能源消耗。

（2）易用性：蓝牙设备易于配对和连接，用户无需复杂的设置过程，设备之间可以快速建立连接。

（3）通用性：蓝牙技术得到了广泛的行业支持，多数智能手机、平板电脑和其他电子设备都内置了蓝牙功能。

蓝牙技术应用非常广泛，包括个人局域网、健康监测、家居自动化、工业应用等。随着技术的不断发展，蓝牙技术也在持续进化，最新的蓝牙5.0在传输速度、通信距离和消息容量方面都有了显著的提升，进一步扩展了其应用场景，特别是在物联网领域。未来，随着物联网设备数量的增加，蓝牙技术凭借其低功耗、高可靠性的特点，将在连接各种智能设备、实现数据共享和智能控制方面发挥更加重要的作用。

2. ZigBee技术

ZigBee技术是一种基于IEEE 802.15.4标准的低功耗局域无线网络通信技术。它由ZigBee联盟开发，旨在提供一种简单、低功耗的无线网络通信解决方案。ZigBee技术主要应用于自动化控制、远程监控系统以及智能家居等领域，特别适用于需要长期运行且对数据传输速率要求不高的应用场景。

ZigBee技术的特点包括：

（1）低功耗：ZigBee设备在休眠模式下的功耗极低，适合使用电池供电的应用，可以实现设备长时间运行。

（2）低成本：ZigBee技术使用开放的标准，设备成本较低，有利于大规模部署。

（3）高可靠性：ZigBee网络支持多种网络拓扑，如星型、树型和网状型拓扑，能够自动形成和修复网络，确保通信的稳定性。

（4）安全性：ZigBee协议提供了数据加密和安全认证机制，保障了数据传输的安全。

ZigBee技术支持多种网络拓扑结构，这使得使用ZigBee技术的设备能够灵活地组织成不同的网络结构，以适应不同的应用场景。ZigBee技术的最新版本是ZigBee3.0，它增强了互操作性、安全性和网络性能，进一步巩固了其在物联网领域的地位。随着物联网技术的发展，ZigBee技术将继续在无线传感器网络和智能设备通信中发挥重要作用。

3. NB-IoT技术

NB-IoT（Narrow Band Internet of Things，窄带物联网）技术是一种基于蜂窝网络的物联网技术标准，由3GPP（第三代合作伙伴计划）组织制定。它旨在通过优化蜂窝网络的方式来支持广泛的物联网应用，特别适合于需要低数据速率、低功耗、长距离覆盖以及大规模设备连接的场景。

NB-IoT技术的特点包括：

（1）低功耗：NB-IoT技术的低功耗特性使得终端设备在正常使用条件下的电池寿命可达数年之久。

（2）广覆盖：NB-IoT技术优化了信号的穿透能力，能够提供更深的室内覆盖以及更广的地理区域覆盖，适合偏远地区和地下环境的应用。

（3）大连接：NB-IoT支持每个网络单元连接数以万计的设备，适合需要大规模部署传感器的应用场景。

NB-IoT作为一种新兴的物联网通信技术，以其独特的优势在全球范围内迅速推广。运营商和企业通过部署NB-IoT网络，能够以更低的成本实现物联网的广泛应用。NB-IoT技术的发展为物联网的实现提供了更多的可能性，通过高效的网络利用和低成本的连接，使得更多的设备和服务能够实现智能化，为人们的生活和工作带来便利。随着全球NB-IoT网络的部署和应用的深入，NB-IoT将成为推动物联网发展的重要力量。

随着技术的不断成熟和生态系统的建立，NB-IoT预计将在智能城市、工业物联网、环境监测、监控监护等领域发挥更大的作用。

4. Wi-Fi技术

Wi-Fi（Wireless Fidelity）是一种允许电子设备通过无线网络进行连接的技术。它基于IEEE 802.11标准，可以提供高速的无线网络连接。由于其高速度、便于携带和易于部署的特点，Wi-Fi已成为家庭、办公室以及公共场所常用的无线连接方式。在物联网领域，

Wi-Fi 技术因其广泛的覆盖范围和较高的数据传输速率,被广泛应用于不同的场景中。

Wi-Fi 技术的特点:

(1) 高速数据传输:Wi-Fi 提供的高速连接有利于传输大量数据,适合需要高数据吞吐量的应用。

(2) 易于部署:由于 Wi-Fi 设备普及,大多数环境已经部署了 Wi-Fi 网络,使得新设备的接入成本较低。

(3) 灵活性:Wi-Fi 技术支持的设备种类繁多,可以灵活适用于各种应用场景。

(4) 兼容性:Wi-Fi 设备通常具有良好的兼容性,可以连接到不同制造商的路由器。

(5) 安全性:Wi-Fi 技术支持多种安全协议,如 WEP、WPA、WPA2 和 WPA3,以确保数据传输的安全。

Wi-Fi 技术的应用领域非常广泛,包括:家庭和办公室、商业自动化、健康监护、工业物联网等。随着技术的发展,Wi-Fi 技术也在不断进步,例如引入了更高效的 802.11ax(Wi-Fi 6)标准,它提供了更高的数据传输速率、更好的设备容量和能效以及改进的安全性。Wi-Fi 将继续在无线网络领域扮演核心角色,支持日益增长的无线连接需求。

5. 移动网络技术

移动网络,通常指的是移动通信网络,它允许用户通过移动设备(如手机、平板电脑等)在移动状态下进行语音通话、发送短信、上网浏览和进行其他数据服务。移动网络技术是物联网通信的关键组成部分,它允许设备在没有固定网络基础设施的情况下进行通信。这对于实现真正的全球覆盖和支持移动设备至关重要。在物联网应用中,移动网络技术不仅提供了设备间的通信能力,还支持数据的远程收集、处理和分析。

移动网络的特点:

(1) 移动性:用户可以在移动状态下使用网络服务,不受地理位置的限制。

(2) 覆盖范围:移动网络通过基站和网络基础设施覆盖广泛的地理区域。

(3) 漫游能力:用户可以在不同的网络运营商之间漫游,保持通信的连续性。

(4) 安全性:移动网络提供加密和认证机制,保护用户数据和隐私。

(5) 设备多样性:支持各种移动设备,包括智能手机、平板电脑、笔记本电脑等。

移动网络的应用领域非常广泛,包括:通信、娱乐、商务、物联网等。移动网络技术的发展为物联网带来了新的机遇。利用 4G 和 5G 网络,物联网设备可以实现快速、可靠的数据传输,支持从智能家居到工业互联网等各种应用。此外,随着 5G 网络对边缘计算的支持,可以在数据产生的地点进行更快的数据处理和分析,进一步提高物联网系统的效率和响应速度。

2.2.3 物联网应用技术

1. 云计算技术

云计算技术在物联网中发挥着核心作用,它为处理和存储来自数以亿计的设备和传感器的海量数据提供了动力。通过云平台,物联网设备可以

物联网应用技术

将数据上传到云端，实现高效的数据处理、分析和存储。这不仅大大提高了数据处理的灵活性和扩展性，还支持高级数据分析技术的应用，如大数据分析和人工智能，从而洞察数据背后的价值，优化业务决策和提高运营效率。云计算还促进了物联网应用的快速开发和部署，加速了创新的步伐。

云计算技术的核心特点如下：

（1）弹性和可扩展性：云平台能够根据需要动态调整资源，无论是存储容量还是计算能力，都可以根据物联网应用的需求灵活扩展。

（2）成本效益：云计算采用按需付费模式，减少了企业在物理硬件和基础设施上的投资，降低了物联网项目的总体成本。

（3）数据处理和分析：云平台提供了强大的数据处理和分析工具，能够快速处理和分析来自物联网设备的大量数据，提取有价值的信息，支持决策制定。

（4）安全性：云服务提供商通常提供高级的安全措施来保护存储在云中的数据，包括数据加密、访问控制和安全备份等。

云计算技术的主要应用场景有：智能家居、工业物联网、智能城市、健康护理等。

随着物联网设备的普及和智能应用的发展，云计算技术将继续在物联网领域扮演重要角色，推动智能城市、智能家居、工业自动化等领域的创新和进步。

2. 大数据技术

大数据技术是物联网应用的另一个核心组成部分，它涉及对海量、多样化和快速变化的数据集进行有效的存储、处理和分析。物联网设备产生的数据量巨大，且这些数据通常具有实时性、多样性和复杂性的特点，因此需要大数据技术来管理和利用这些数据。

大数据技术的特点包括：

（1）体量大：大数据通常指那些规模巨大到传统数据处理应用软件难以处理的数据集。

（2）类型多样：大数据包括结构化数据、非结构化数据和半结构化数据，如文本、图片、视频、传感器数据等。

（3）速度快：大数据的产生和处理速度非常快，需要实时或近实时的分析能力。

（4）价值密度低：大数据中通常只有很小一部分数据是有价值的，需要复杂的分析方法来提取有用信息。

（5）真实性：大数据分析需要确保数据的真实性和准确性，以便做出可靠的决策。

大数据技术在物联网中的应用主要包括：数据分析、预测维护、资源优化、用户体验和安全监控等。

在物联网应用中，大数据技术不仅仅是处理和分析数据的工具，它还能够驱动创新，促进新业务模式的发展，为企业带来竞争优势。随着技术的进步，大数据技术在物联网中的应用将会更加广泛和深入。

3. 信息安全技术

随着物联网设备数量的激增以及它们与互联网的广泛连接，信息安全问题变得尤为突出。信息安全技术旨在保护物联网设备和网络免受未经授权的访问、数据泄露、篡改和其他安全威胁。这些技术不仅包括加密和解密技术，用于保护数据传输的安全性和完整性，还包括各种身份验证和授权机制，以确保只有授权的用户和设备能够访问网络资源。

信息安全技术的特点包括：

（1）机密性：确保信息仅被授权人员访问，防止敏感信息泄露。

（2）完整性：保护信息不被非法篡改，确保数据的准确性和一致性。

（3）可用性：确保授权用户无论何时何地能够及时访问所需信息。

（4）认证：验证用户或设备的身份，确保只有合法的实体可以访问系统。

（5）授权：根据用户的角色和权限，控制对系统资源的访问。

随着物联网技术的发展，信息安全技术也在不断进步，以应对日益复杂的安全威胁。例如，区块链技术因其去中心化和不可篡改的特性，被越来越多地应用于物联网安全领域，以提供更高级别的数据保护和设备认证手段。未来，随着人工智能和机器学习技术的融合，信息安全技术将更加智能化，能够自动检测和响应安全威胁，保护物联网生态系统的安全。

4. 人工智能技术

人工智能（AI）技术是物联网应用的一个重要推动力，它通过模拟人类智能的某些方面，使物联网设备能够执行复杂的任务，如感知、学习、决策和执行等。AI技术在物联网中的应用正在迅速扩展，它不仅提高了设备的智能化水平，还增强了系统的自主性和效率。

人工智能技术的特点包括：

（1）学习能力：AI系统能够通过机器学习算法从数据中学习，不断改进其性能。

（2）自适应性：AI系统能够根据环境变化自动调整其行为，以适应不同的操作条件。

（3）决策能力：AI系统能够进行复杂的决策过程，提供基于数据的见解和建议。

（4）自然交互：AI技术使得设备能够以更自然的方式与人类用户进行交互，如语音识别和自然语言处理。

（5）预测性分析：AI系统能够预测未来事件或趋势，为决策提供支持。

随着物联网设备数量的增加和智能应用的发展，人工智能技术将继续在物联网领域扮演关键角色，推动智能化、自动化和个性化的服务。AI技术的进步，如深度学习、强化学习、神经网络等，将进一步提升物联网应用的智能化水平，实现更加高效和智能的物联网生态系统。

物联网传输技术

2.3 无线传感器网络

2.3.1 无线传感器网络定义

无线传感器网络

无线传感器网络（Wireless Sensor Network，WSN）是由大量传感器节点组成的网络，这些节点能够监测、感知并采集特定区域内的环境信息或观察者感兴趣的数据。这些节点通过无线方式相互通信，将收集到的数据发送到其他节点或中心节点，最终传输到用户手中。

无线传感器网络由紧密排列、随机分布的传感器节点组成，形成一个能够自我组织的网络体系。这个网络的主要任务是通过合作来感知、搜集以及处理其所覆盖地理区域内的感知对象信息，进而把这些信息传递给最终用户。在这个网络架构中，众多的传感器节点负责从周围环境收集数据，进行处理并交换信息，最终将数据发送到外围的基站。传感器节点、感知对象与观察者是构成传感器网络的三大核心元素。作为传感器网络的终端用户，即感知信息的观察者和使用者，可以是人类、计算机系统或其他设备。观察者能够主动地查询或搜集来自传感器网络的感知数据，或者被动地接收网络推送的信息。对于接收到的感知信息，观察者会进行仔细的观察、分析和挖掘，以便做出决策或对感知对象进行适当的响应。感知对象通常是通过数字化的形式来表示各种物理、化学或其他现象，比如温度或湿度等。一个传感器网络能监测其分布区域内的多个感知对象，而单一的感知对象也可能同时被多个传感器网络监测。

在无线传感器网络中，传感器节点是网络的基本单元，它们通常部署在关键位置，以监测特定区域。节点可以固定在某个位置，也可以移动，如无人机或车辆上的传感器。节点通过无线通信协议（如ZigBee、LoRa或蜂窝网络）与其他节点或中心节点（如网关或基站）进行通信。

无线传感器网络在多个领域都有广泛的应用，包括环境监测、农业、工业自动化、智能城市、医疗保健和灾害管理。这些应用依赖于网络的感知、通信和自组织能力，以实现对环境的实时监控和智能控制。随着技术的发展，无线传感器网络正变得更加智能化、网络化和微型化，为物联网的发展提供了强大的支持。

相较于传统无线网络，无线传感器网络具有一些独特的特点：

（1）资源受限的传感器节点：在无线传感器网络中，每个传感器节点都是为了在特定监控区域内执行任务而设计的。受到体积和成本的约束，这些节点的计算和存储能力有限。

（2）能源限制：由于每个节点都依靠内部电池供电，而这些电池的容量非常有限，因此它们必须高效地使用能量。鉴于节点被设计为在监测区域内密集分布，更换电池通常不可行，这就要求节点必须在能耗最小化的前提下运行。

（3）去中心化与自我组织：无线传感器网络的节点能够在没有中央控制的情况下自我组织，形成一个灵活的监控网络。这种结构允许网络在节点动态变化的情况下依然能够维持监控功能。

（4）拓扑动态性：无线传感器网络的结构是动态变化的，这包括节点的加入和退出、能量节省模式下的状态切换以及通信链路的变化，这些因素都可能导致网络拓扑的变化。

（5）多跳通信：由于无线信号的传输距离和带宽限制，无线传感器网络中的数据传输往往依赖于多跳路由。这种方式有助于减少能量消耗，并克服通信距离的限制。

（6）安全挑战：无线传感器网络面临多种安全威胁，包括数据窃听、拒绝服务攻击以及物理和网络层面的侵入等。节点的资源限制进一步加大了安全防护的难度。

在这个背景下，无线传感器网络的设计和管理要求针对其独有的特性和限制采取特别的策略，以确保网络的有效性和安全性。开发者和研究人员正在探索更高效的能源管理技术、更强大的数据处理算法以及更为可靠的安全机制来克服这些挑战。

2.3.2 无线传感器网络组成结构

无线传感器网络采纳了分层的体系结构模型，与OSI模型相似，但有其特有的结构和功能。WSN模型主要分为五个层次，包括物理层、数据链路层、网络层、传输层以及一个综合的应用层，而与OSI的七层模型相比，WSN简化了上层结构。这五层的基本职能与OSI模型中相应的层次大体一致，但在应用层上，WSN体系结构模型仅设有单一的应用层。OSI参考体系模型与WSN体系结构模型比较如图2.3所示。

图2.3 OSI参考体系模型与WSN体系结构模型

下面是对各层及其功能的详细介绍：

（1）物理层：这一层负责处理无线、红外线或光介质的通信。考虑到环境信号传播特性和能耗是关键设计因素，无线传感器网络推荐使用免许可证频段（ISM）。由于传感器网络的信道通常是近地面信道，天线的高度和地面的距离会影响传播损耗。尽管如此，高密度部署的传感器网络利用分集特性可以克服阴影效应和路径损耗。

（2）数据链路层：该层主要负责数据流的多路复用、帧检测、媒介访问控制和差错控制，确保网络内的点对点和点对多点连接。媒体访问控制（MAC）层协议在这里扮演重要角色，它负责网络结构的建立和资源的有效分配。差错控制通常采用前向差错控制（FEC）而非自动重传请求（ARQ），以减少能耗和开销。

（3）网络层：在高密度分布的传感器网络中，需要特殊的多跳无线路由协议来实现节点间的通信。与传统Ad-Hoc网络相比，无线传感器网络的路由算法需考虑能耗问题，通常基于广播方式进行优化。网络层的设计还体现了以数据为中心的特点，旨在快速、有效地整合并传递信息。

（4）传输层：由于无线传感器网络的资源有限，早期的网络一般没有专门的传输层。随着应用范围的扩大，出现了较大的数据流量，需要面向无线传感器网络的传输层研究，以保障数据的端到端传输质量。

（5）应用层：包括监测任务的应用层软件，这一层的研究相对较少。应用层需要解决的关键问题包括传感器管理、任务分配、数据广播管理、传感器查询和数据传播管理。

WSN的网络协议结构不同于传统网络，它需要更为灵活和精巧的结构来支持节点低功耗、高密度的要求，以及提高网络的自组织能力和实时性。随着无线传感器网络在民用和商业领域的应用前景越来越广阔，对其体系结构的研究变得尤为重要，以推动这一新技术的发展和应用。

2.3.3 无线传感器网络应用

无线传感器网络以其部署迅速、自我组织和高度的容错性被广泛认为是一种革命性技术。这些网络能够在遭受恶意攻击导致节点损毁的情况下仍然保持运作，确保系统的稳定性不被单一故障点所影响。这种独特的快速部署能力和鲁棒性，让它们特别适合用于那些恶劣或无法人工干预的环境，例如用于战场的监控和侦察任务，因而获得了军事方面的广泛关注和应用。

除了军事用途，无线传感器网络在民用领域同样展现出巨大的潜力。在农业、工业、生物医疗、环境监测以及紧急救援等场景中，它提供了一种成本效益高、能够持久运行并且对能源消耗有限制要求的解决方案。这些网络特别适合那些需要低成本设备、低数据传输量、电池供电且期望长期运行的应用环境。

无线传感器网络的这些特质，不仅在应对极端环境和提供关键情报方面发挥着不可替代的作用，也在推动智能技术在日常生活中的应用打开了新的可能性。无论是提升生产效率、监测生态环境变化，还是在紧急情况下提供及时的救援支持，无线传感器网络都证明了其在现代社会中的重要价值和广阔的应用前景。

在不断演进的科技时代，无线传感器网络已经在多个领域展现出了巨大的应用潜力与前景，不仅改善了人们的生活质量，也为工业发展与环境保护提供了新的解决方案。下面我们讨论一下无线传感器网络在各领域的应用前景。

1. 智能家居

在智能家居领域，无线传感器网络正改变着我们的居住环境，使之更加智能化。通过将家电与设备连接至网络，用户可以远程通过智能设备控制家中的各项设施，比如在回家前自动开启空调或烹饪设备，极大地提高了生活便利性。这一切成为可能的基础在于每一件家居产品都成为智能节点，它们在无线网络中相互协作，实现高效的家居管理与控制。

2. 建筑领域

在建筑领域，无线传感器网络的应用正变得日益重要。它能够为桥梁、建筑物等结构提供实时的健康监测，通过安装在结构各部位的传感器收集数据，管理人员可以及时了解其状态并采取相应的维护措施。这种技术特别适用于监测老旧结构的安全性，能够及时发现潜在的结构损害，显著降低了发生安全事故的风险。

3. 环境监测与保护

随着环境问题的日益严峻，无线传感器网络在环境监测与保护方面扮演着越来越重要的角色。无线传感器网络可以密切监测空气质量、水质、土壤状况等环境参数，及时发现污染源并采取措施，有效地保护自然环境。此外，无线传感器网络在野生动植物保护方面也展现出巨大潜力，如监测特定动物种群的活动，为保护生物多样性提供科学依据。

4. 医疗护理

随着技术进步，人们对医疗服务的需求越来越高，期待实时、灵活、智能和个性化的医疗服务。无线传感器网络正日益成为医疗领域创新的重要推手，为远程医疗服务和社区医疗提供强大支持。这项技术使医院、医生与病人之间能够通过远程医疗合作，建立更加紧密的联系，从而提升医疗服务质量。随着移动通信和传感技术的成熟，无线传感器网络在医疗领域的应用变得更加广泛，如通过"智能微尘"实时监测重症病人的生命体征，实现高效的远程护理。此技术能够监控病人的心率、血压等生理指标，为医生提供实时数据，以便及时做出诊断和治疗。它还能长期收集生理数据，为医学研究提供丰富的样本案例，同时在药物管理等方面展现出独特的价值。

5. 工业领域

无线传感器网络能够有效监测高危和复杂的环境，如煤矿、石化和冶金行业，实现对工作人员安全、有毒气体等的实时监控。这项技术不仅可以提高安全监控的效率和精度，还能在发生紧急情况时快速反应，特别是在我国煤炭开采行业，无线传感器网络对提高井下安全生产水平和搜救工作的效率起到了关键作用。除了传统工业，无线传感器网络也广泛应用于制造业的生产设备监控，帮助企业及时发现并解决问题，减少损失，提高生产效率。

6. 农业领域

无线传感器网络同样展现出其独特的优势。它可以用于监测农作物的灌溉、土壤条件、环境状况等，通过收集和分析大量数据，帮助农民进行科学种植，提高农作物产量和质量。这项技术的应用不仅限于气候变化监测，还涵盖土壤湿度、氮含量和pH等关键指标的长期跟踪，为农业生产提供了科学的数据支持。国家的相关计划已经将智能传感器和网络化技术的发展作为重点项目，旨在推进高效智能农业的发展。

7. 其他领域

（1）智能交通控制管理。智能交通系统的发展充分利用了无线传感器网络的潜力。1995年美国交通部启动"国家智能交通系统计划"，目标是到2025年实现无线传感器网络全面部署。这一系统结合了大量的传感器网络、全球定位系统（GPS）和区域网络，旨在优化车辆行驶效率，自动调整车距，提供最优导航路线，并预警潜在故障。例如，美国宾夕法尼亚州匹兹堡市已建立了先进的交通信息系统，通过电台媒体传播，增加了其商业价值。

（2）安防系统。随着现代家庭对高科技产品的依赖增加，安全隐患相应增多，如火灾、煤气泄漏等。利用无线传感器网络的低成本和易部署性质，安防系统变得更加灵活和可靠。例如，英国一家博物馆通过无线传感器网络设计的报警系统，可以通过监测亮度变化和物品震动来保护珍贵展品。

（3）仓储物流管理。通过高度集成的多传感器系统，提供了温湿度控制、中央空调监控以及特殊环境管理等解决方案。沃尔玛等大型零售企业已经在其产品上部署无线传感器节点和射频识别（RFID）技术，以确保货物在最佳状态下存储，并跟踪商品从生产到销售的全过程。

2.3.4 未来展望

随着技术的进步，无线传感器网络的应用将进一步拓宽。这些网络的自组织、动态配置和大规模部署能力为解决复杂问题提供了新的可能性。尤其是在偏远或环境恶劣的地区，无线传感器网络的灵活性和低成本部署特性，将极大地推动这些地区的技术和社会发展。无线传感器网络正逐步成为连接物理世界与数字世界的关键技术，不仅促进了技术创新，也为人类社会的可持续发展提供了强有力的支撑。随着未来技术的不断进步与应用领域的扩展，无线传感器网络的影响力和价值将持续增长。

【综合考核】

1. 解释物联网技术在智能建造和智慧城市领域的应用案例，并阐述这些技术是如何解决实际问题的。

要求：

（1）智能建造领域应用：描述至少一个物联网技术在智能建造领域的应用案例，如智能安全监控系统、自动化材料管理系统或工程进度追踪系统等。

详细说明该案例中物联网技术是如何实现的，包括使用的传感器类型、数据传输技术以及数据处理和分析方法。

分析该技术如何提高建造效率、降低成本、提升安全性或改善其他建造过程的方面。

（2）智慧城市领域应用：描述至少一个物联网技术在智慧城市领域的应用案例，如智能交通系统、智慧照明系统或城市环境监测系统等。

解释该案例中物联网技术的工作原理，包括如何收集、传输和利用数据来实现智慧城市功能。

讨论该技术如何解决城市管理和服务中存在的具体问题，如减少交通拥堵、节约能源、提高居民生活质量等。

[评分细则]

项目	细则	分数	得分
案例的相关性和实际性	案例选择是否贴近实际，能否体现物联网技术的实际应用价值	30	
技术实现的详细描述	对物联网技术实现过程的描述是否详尽，包括传感器应用、数据传输和处理方法	40	
问题解决能力的分析	能否清晰地分析物联网技术如何解决特定的实际问题，如提高效率、安全性或生活质量等	30	

2. 案例分析

假设一座城市的中心区域经常发生交通拥堵，特别是在早晚高峰期，造成居民出行不便和严重空气污染。请你基于物联网技术，设计一个解决方案来缓解这一问题。考虑的方面可以包括但不限于交通流量监控、智能交通信号灯调控、公共交通优先策略等。

答题提示：

问题分析：首先，分析造成交通拥堵的主要原因，如车辆流量大、交通信号灯调度不合理、缺乏有效的公共交通引导等。

技术选型：选择合适的物联网技术和设备，如车流量监测传感器、GPS定位、云计算平台等，来收集和处理交通数据。

解决方案：

设计一套基于物联网的智能交通管理系统，实时监测各主要路口的车流量，自动调整信号灯，优化交通流。

提出智能公交系统，通过实时数据分析，调整公交车路线和发车频率，鼓励居民使用公共交通。

引入智能停车解决方案，帮助驾驶员快速找到停车位，减少因寻找停车位造成的额外交通拥堵。

模块三　塔机安全监控系统

【任务背景】

塔式起重机，简称塔机，是建筑工地上最常用的起重设备，主要用于建筑施工材料的运输以及大型施工设备的转移，塔机的使用极大地节省了人力资源，并且便于安装以及拆卸，具有施工便捷等特点。塔机主要是由操作人员在高达几十米甚至上百米的顶部操作室进行操控的，容易发生安全事故。一方面，塔机自身存在一定的缺陷，主要是因为塔机自身的工作重心太高、运行速度相对较快以及起重的荷载较大，并且在运行过程中需要频繁地起制动，存在较大的动荷载，往往会导致塔机出现塔身折断、吊臂折断及塔机倾翻等现象，造成财产损失和人员伤亡；另一方面，由于建筑工地环境因素比较复杂，多台塔机通常被安排在同一区域工作，以提高工作的效率和加快工程的进度为目标，进行近距离交叉式作业，以实现空间上复用，然而这种交叉式作业的塔机群存在着相互碰撞的可能，在运行的过程中必须相互避让以免发生碰撞，因此极大地增加了操作人员的工作难度。并且，建筑工地周围的高压线、楼宇以及道路等公共区域处于工作区，是现如今的建筑工地无法避免的，必须通过控制塔机的吊臂和吊钩来避开这些公共区域，如图3.1所示。近年来，随着物联网技术的发展，物联网技术也开始应用于塔机安全监控系统中。

图3.1　高压线与塔机

模块三　塔机安全监控系统

【任务导入】

塔机安全监控系统是集互联网信息技术、传感器技术、嵌入式技术、数据收集储存技术、数据库技术等高科技应用技术于一身的综合性管理系统。那么塔机安全监控系统由哪些部分组成的？系统又能够监测哪些数据呢？

【知识内容】

3.1　塔机安全监控系统

3.1.1　塔机安全监控系统组成

按照系统设备划分，塔机安全监控系统由主机、显示器和传感器组成，如图3.2所示。

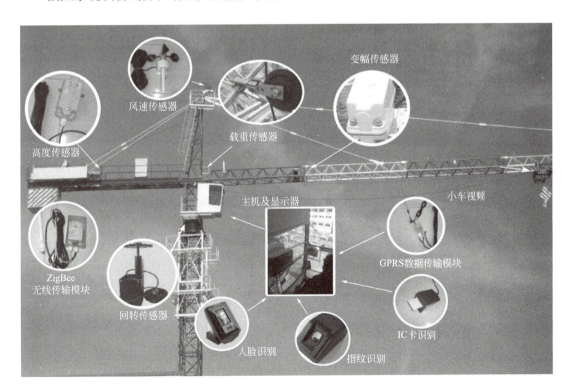

图3.2　塔机安全监控系统中的传感器与物联网设备

3.1.2 塔机安全监控系统架构

从物联网与传感器技术角度来看，塔机安全监控系统的架构由塔机参数感知层、塔机参数传输层及塔机参数应用层三部分组成。

感知层主要是由各种传感器及传感器网关组成，其作用主要是用来感知外界环境信息，对物体进行识别，相当于人的神经末梢，可以将一些物理信号转化为电信号，然后通过蓝牙、红外等近距离传输技术进行数据的传递。

网络层主要由有线网络、无线网络及数据处理单元等组成，主要负责传输感知层获得的数据，同时进行数据的处理。这些数据信息可以通过移动通信网、互联网、小型局域网等进行远距离无线传输。

应用层是物联网和用户的接口，是与行业需求相结合的智能应用，可以分为监控型、控制型、扫描型和查询型等。应用层用来处理网络层传输的各类信息，实现各种设备与人的交互，是物联网发展的体现。

塔机安全监控系统的感知层主要负责采集塔机运行状态下的数据。本模块重点讲解感知层，重点介绍用于采集塔机重要数据的传感器设备的相关内容。

3.2 塔机安全监控系统功能

塔机运行监控终端是整个塔机安全监控系统的重要组成部分，运行监控终端和硬件设备采集的传感器数据是整个系统的数据源，对整个系统报警设置、防碰撞算法设计、输出控制等都起到关键性的作用。监控系统能够实现吊重超载报警保护、防碰撞报警保护，风速预警保护，这些功能实现的关键在于塔机传感器的合理选型和设计。

塔机上的传感器主要有载重传感器、风速传感器、回转传感器、倾角传感器、幅度传感器、高度传感器等。

3.3 塔机安全监控系统设备

3.3.1 载重传感器

塔机安全监控系统常用传感器

在建筑工地上塔机的最大作用就是负责载重搬运物料。然而，在以往的塔机事故中，超载是引发塔机事故的一大隐患，因此吊重超载保护是必备的保护装置。

载重传感器（又称吊重传感器）的工作原理为：被测物体的重力传至载重传感器，载重传感器弹性体产生变形，贴附于弹性体上的应变计桥路失去平衡，输出与重力数值成正比例的电信号，经线性放大器将信号放大，可通过电压的变化量来计算出载重的大小。

1. 载重传感器的组成

载重传感器主要包括承重结构、应变传感器、转换电路和输出信号等部分。

（1）承重结构

载重传感器的承重结构是其重要组成部分，主要作用是支撑被测物体的重量并将其传递给应变传感器进行检测。承重结构通常采用金属材料制作，如铝合金、不锈钢等。在设计和制作承重结构时，需要根据被测物体的重量、尺寸、形状等因素进行合理选择和设计，以确保载重传感器的准确性和可靠性。

（2）应变传感器

应变传感器是载重传感器的核心部件，主要用于测量承重结构受力后产生的应变量。应变传感器一般采用金属应变片的形式，通过对应力应变理论的应用，将承重结构的应变量转换为电压信号输出。应变传感器的选型和布置位置对载重传感器的测量精度和稳定性影响很大。

（3）转换电路

转换电路是载重传感器的信号处理单元，主要用于对应变传感器输出的微弱电信号进行放大、滤波处理，并将其转换为标准的电压信号输出。转换电路的设计要充分考虑噪声抑制、线性度、零点漂移等因素，以确保输出信号的高精度和高稳定性。

（4）输出信号

经过转换电路处理后，载重传感器输出的信号通常为模拟电压信号或数字信号。在实际应用中，常采用标准的电压或电流信号输出，并通过仪表或控制系统进行数字化处理和运算。输出信号的范围、分辨率和稳定性是衡量载重传感器性能的重要指标。

2. 载重传感器的分类

（1）压阻式载重传感器

压阻式载重传感器是一种基于电阻值的传感器，由电阻应变片和电桥电路组成。当有荷载作用于应变片时，应变片会发生形变，导致电阻值变化，电桥电路就会检测到这种变化并输出电压信号。由于压阻式载重传感器结构简单，价格便宜，因此被广泛应用于工业生产线上的重量检测和分拣系统中。

（2）电容式载重传感器

电容式载重传感器采用电容的变化来测量重量，由于其测量精度高、线性输出稳定，被广泛应用于易损件、纺织品、食品等领域。该传感器的原理是在荷载作用下，电容器中的电极距离会略微变化，进而改变电容值，电路检测到电容值的变化并转化为电压信号输出。

（3）电磁式载重传感器

电磁式载重传感器是基于电磁感应原理，通过检测螺旋弹簧振动频率的变化，来计算载荷的重量。该传感器广泛应用于建筑、起重和运输行业，在测量大型载重时，尤为实用。

（4）压电式载重传感器

压电式载重传感器的工作原理是将由外力作用而产生形变的压电材料的变形量转

化为电信号。这种传感器结构简单、精度高，被广泛应用于物流、特种车辆、船舶等领域。

以上四种载重传感器各有优点和适用场景，根据具体的应用需求，选择适合的载重传感器非常重要。同时，在使用时，还需要注意防止传感器出现过载等异常情况，保持传感器的准确性和可靠性。

3. 载重传感器的接线和安装

（1）载重传感器的接线方法

载重传感器的接线方法通常分为四线制和六线制。

1）四线制接线法：

红线：接到电源的正极。

黑线：接到电源的负极。

白线：接到数据采集器的信号输入端。

绿线：接到数据采集器的信号接地端。

2）六线制接线法：

六线制接线方法在四线制的基础上增加了一组反馈信号线，通常蓝色为反馈正极（SEN+），黄色为反馈负极（SEN-）。这种接线方式适用于长距离传输，可以有效补偿线路电阻，确保测量精度。

红线、黑线：接到电源的正、负极。

蓝线和黄线：接到一个高阻值电阻上，然后将电阻的两端接到A/D转换器的正、负电源端。

绿线和白线：接到采集器的正、负信号输入端。

此外，还有一种七线制的接线方式，它除了包含四线制和六线制的功能外，还具备防干扰功能。

在接线时，应确保接线牢靠、无短路，并且按照正确的线序进行连接。错误的接线会导致载重数据不准确或出现故障。

（2）载重传感器在塔机上的安装

在塔机上应用时，载重传感器根据塔机的结构有两种安装方式：塔帽安装方式和起重臂后端安装方式。塔帽安装方式用于起升钢丝绳从塔帽钢构架内穿过的塔机吊重支架的安装，如图3.3（a）所示。起重臂后端安装用于起升钢丝绳从塔帽钢构架外部绕出的塔机吊重支架的安装。安装位置在塔机塔帽处或起重臂后端，如图3.3（b）所示。

安装时注意钢丝绳的走向要满足"三点一线"，即钢丝绳的上下换向轮与销轴滑轮的受力方向要在同一条直线上，同时注意重量传感器箭头指示方向与钢丝绳受力方向一致。

4. 阈值设置

根据《塔式起重机安全规程》GB 5144—2006规定：塔机应安装起重量限制器。如设有起重量显示装置，则其数值误差不应大于实际值的±5%。当起重量大于相应挡位的额定值并小于该额定值的110%时，应切断上升方向的电源，但可作下降方向的运动。

模块三　塔机安全监控系统

(a) 塔帽安装方式　　　　　　　　(b) 起重臂后端安装方式

图 3.3　载重传感器的安装

3.3.2　风速传感器

塔机在高空作业时，天气因素的影响至关重要，如下雨、刮风等，尤其风速对塔机的运行影响较大。据塔机安全操作的相关要求，当风速达到四级以上时，不得进行升顶、安装、拆卸作业；当塔机工况的风速达到六级以上时，为了人身和财产安全，塔机必须停止作业。由此可以看出，塔机运行时，风速是塔机安全系统中比较敏感的因素之一。在塔机上安装风速传感器可以进行监测风速、预设风速上限、发出大风报警信号等工作。安装后的风速传感器如图 3.4 所示。

1. **风杯式风速传感器的工作原理**

风杯式风速传感器工作原理：将风速信号转换为电信号输出。风速传感器的感应元件为三杯式回转架，信号变换电路为霍尔开关电路。通过电路得到与风杯转速成正比的脉冲信号，通过换算就可以得出目前被测区域的实际风速。

风杯式风速传感器在塔机上与其他设备组合后，实现了对塔机风速的检测。原理如图 3.5 所示。

2. **风速传感器的分类**

风速传感器是用来测量风速的设备，外形小巧轻便，便于携带和组装。按照工作原理可粗略分为机械式风速传感器、超声波式风速传感器。具体类型有机械式（主要有螺旋桨式、风杯式）风速传感器、热式风速传感器、皮托管风速传感器和基于声学原理的超声波风速传感器，如图 3.6 所示。

3. **风速传感器的接线和安装**

（1）风速传感器的接线方法

风速传感器的输出方式主要有两种：串口和模拟电压信号输出。其中，串口方式较为常见，可以使用串口线将风速传感器与各种接收器、仪器、控制器等设备相连；而模拟电压信号输出方式则需要使用电缆进行连接。

图 3.4 风速传感器

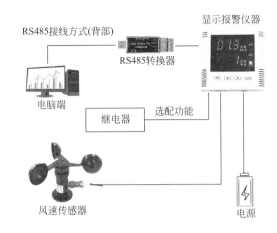

图 3.5 风杯式风速传感器的工作原理

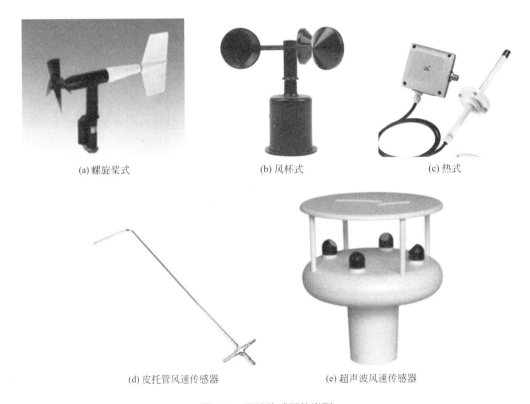

图 3.6 风速传感器的类型

1）串口连接方式

串口连接方式需要使用RS485通信线缆，将风速传感器的RS485接口通过线缆连接至相应的仪器、控制器等设备的RS485接口。此时需要注意，连接线缆的线序要与风速传感器和设备的RS485接口相匹配，同时要保证线缆的防护性能以提高抗干扰能力。

2）模拟电压信号输出方式

模拟电压信号输出方式需要使用电缆将风速传感器的模拟电压信号接口连接至相应设

备的模拟电压输入端。此时需要注意的是连接线缆的线序要与风速传感器和设备的模拟电压接口相匹配。

风速传感器的接口类型包括RS485接口、模拟电压信号接口等。其中，RS485接口通常采用3针、4针或5针接口形式，可以用更高的速率传输数据；而模拟电压信号接口则通常采用2针或3针接口形式，可以输出更为精准的电压信号。

（2）风速传感器在塔机上的安装

将风速传感器、主机、传输线缆等附属装置组成塔机风速仪，检测塔机风速。风速传感器安装位置：塔机塔帽位置或平衡臂栏杆上。安装方式：用自带的不锈钢卡箍水平地将底板固定在合适位置，注意不要倾斜或有遮挡物即可。

相关具体步骤如下：

1）将风速传感器牢固安装在塔机设备支架上并保持垂直，如图3.7所示。

2）将主机安放在操作室内，如图3.8所示。

图3.7　风速传感器在塔机设备支架上安装

图3.8　主机在操作室内安装

3）将传感器线缆引入室内，插头插入主机的插座内，线缆要求扎牢，避免在空中飘荡。

4）将主机电源插头插入交流220V电源插座内。

4. 阈值设置

根据《塔式起重机安全规程》GB 5144—2006规定：臂架根部铰点高度大于50m的塔机，应安装风速仪。当风速大于工作极限风速时，能发出停止作业的警报。

风速仪应安装在塔机顶部的不挡风处，根据规定，当风力超过4级时，塔机可以工作，但如果塔机处于非工作状态，应顺风停放，以保证塔机平衡臂不受风力影响。而当风力超过6级时，应停止使用塔机，以避免平衡臂发生意外。

3.3.3　回转传感器

回转传感器，又称回转角度传感器，是测量或监控物体转动角度的传感器。塔机的吊臂在转动过程中，经常会与周围的障碍物发生碰撞，如周围群塔的干涉、周边静态障碍物

（包括学校、建筑区、电缆）等。实时监控塔机与障碍物、与相邻塔机之间的距离是否大于安全距离，是塔机安全运行的必要条件。而完成两塔机之间的参数信息相互通信，是实现塔机安全运行的前提条件。若要实现两塔机之间相互通信，必须考虑塔机小车变幅、吊臂转角等因素。转角则是其中至关重要的参数，回转传感器也是塔机安全监控系统中必备的硬件设备之一。

在塔机安装回转传感器，可以有效避免吊臂转动过程中与周围障碍物碰撞，实时监测吊臂方位，为塔机群塔作业提供转角参数。

1. 回转传感器的工作原理

回转传感器主要通过传感器将来自外部角度变化和机械旋转的物理量变换为电信号，一般作为模拟电压信号输出，根据需要变换为数字信号，由此单芯片微型计算机中的数据处理变得容易，回转传感器工作原理如图3.9所示。

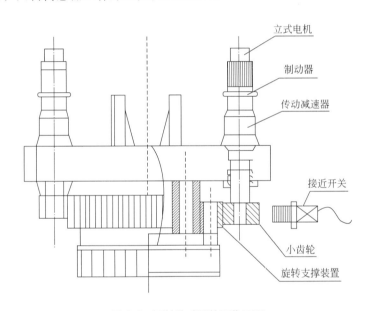

图3.9 回转传感器的工作原理

当回转电机运行时，通过传动装置带动小齿轮以及齿圈转动，进而实现塔身的旋转，回转速度取决于大齿圈的转动速度。通常为提高测量精度，一般通过测量小齿轮转速，根据小齿轮与大齿圈一定的传动关系就可得到回转速度与塔机角度。

回转传感器根据构造的不同主要有两种形态：一种是旋转回转传感器，具有能够旋转360°、高频响应特性优异的特征；另外一种倾斜回转传感器利用重力振子结构测量倾斜角度，具有体积小、振动强等特征。

2. 回转传感器的分类

回转传感器根据技术类型分为电阻式回转传感器、栅极回转传感器、编码器回转传感器，塔机上常见的回转传感器类型是编码器回转传感器。

编码器回转传感器结构如图3.10所示。

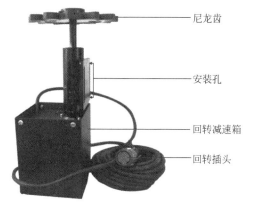

图 3.10　编码器回转传感器

3. 回转传感器接线

常见的回转传感器接线方式主要包括三线式和四线式两种。

（1）三线式回转传感器接线

三线式回转传感器接线通常包括信号线、电源线和接地线。其中信号线用于输出测量值；电源线用于供电；接地线则用于连接地线，确保测量的准确性和稳定性。

接线方法：将信号线和电源线接到控制器中相应的接口上，同时将接地线接到地线位置。

注意事项：

①信号线和电源线不能接错，否则会影响测量结果和设备的安全性；

②接地线必须连接到地线位置，以减小电磁干扰和测量误差；

③三线式回转传感器常用于比较简单的测量和控制应用，一般测量精度相对较低。

（2）四线式回转传感器接线

四线式回转传感器接线通常包括两条信号线、一条电源线和一条接地线。其中一条信号线为正向输出，另一条信号线为反向输出，可实现双向测量和控制。

接线方法：将两条信号线和电源线接到控制器中相应的接口上，同时将接地线接到地线位置。

注意事项：

①两条信号线分别对应正向输出和反向输出，需要正确接线并进行校准；

②接地线必须连接到地线位置，以减小电磁干扰和测量误差；

③四线式回转传感器常用于对精度要求较高的测量和控制应用，如航天、医疗等领域。

4. 回转传感器在塔机上的安装

回转传感器安装位置：塔机的回转齿轮位置，如图3.11所示。

安装方法：先将回转传感器的底板与L形支架安装在回转机构旁，要让这两个底板保持在垂直角度上。然后，用2个M5螺栓将回转传感器固定在滑槽底板上，再用延长杆与回转齿轮连接，用开口销固定好，让回转齿轮与塔机原有回转机构齿轮咬合。

注意：①齿轮分为大小齿轮，安装前与塔机回转机构齿轮比对后安装，如图3.12（a）所示。②回转传感器与塔身连接处要

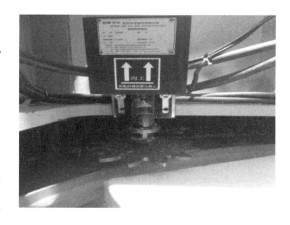

图 3.11　塔机回转传感器安装位置

清理干净，避免油污、异物，如图3.12（b）所示。

回转传感器在安装时，应用专用回转夹紧固。具体步骤如下：

（1）使用六方螺钉将回转传感器与回转夹固定在一起。

（2）将内六方螺钉拧入夹具孔位。

（3）使尼龙齿与回转大齿啮合，齿与齿配合的中心圆以3～5mm离隙为准。

（4）使用六方扳手上紧夹具。

(a) 齿轮对比　　　　　　　　　　(b) 清理塔身

图3.12　安装回转传感器后的塔机

3.3.4　倾角传感器

倾角传感器又称作倾斜仪、测斜仪、水平仪、倾角计，是用于测量载体相对于某个参考平面倾斜角度的传感器。

塔机是由平衡臂、吊臂以及塔身组成，保持系统的平衡性是塔机正常运行的前提条件。塔机在安装时，塔身根部浇筑底座，平衡臂一般由钢筋混凝土配重，通过仪器测量将塔身垂直于地面安装。在吊臂未吊重物前，由于平衡臂配重的原因，导致平衡臂力矩大于吊臂的力矩，此时塔身会向平衡臂方向倾斜。当吊臂重量增加时，力矩会慢慢平衡，如果吊臂重量过大，很有可能导致塔机倾覆。因此，倾角传感器用于实时监测塔身在使用之前及使用过程中倾角的大小，当倾角大于某临界状态时报警，可以有效地预防塔机倾翻事故的发生。一般在塔机的前后两端安装倾角传感器，对塔机的平衡臂的倾斜角度实时监测，防患于未然，使得工程安全能够得到保障。

1. 倾角传感器的工作原理

倾角传感器的理论基础是牛顿第二定律：根据基本的物理原理，在一个系统内部，速度是无法测量的，但却可以测量其加速度。如果初速度已知，就可以通过积分算出线速度，进而可以计算出直线位移，所以倾角传感器其实是运用惯性原理的一种加速度传感器。当倾角传感器静止时也就是侧面和垂直方向没有加速度作用，那么作用在它上面的只有重力加速度，重力垂直轴与加速度传感器灵敏轴之间的夹角就是倾斜角了，倾角传感器工作原理如图 3.13 所示。

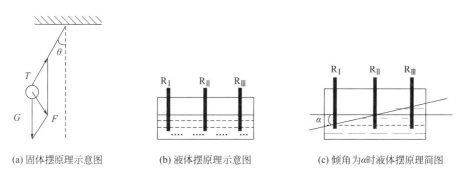

(a) 固体摆原理示意图　　(b) 液体摆原理示意图　　(c) 倾角为α时液体摆原理简图

图 3.13　倾角传感器工作原理

2. 倾角传感器的分类

倾角传感器经常用于系统的水平距离和物体的高度的测量，从工作原理上可分为固体摆、液体摆、气体摆三种倾角传感器，这三种倾角传感器都是利用万有引力的作用，将传感器敏感器件对大地的姿态角，即与地球引力的夹角（倾角）这一物理量，转换成模拟信号或脉冲信号。就基于固体摆、液体摆及气体摆原理研制的倾角传感器而言，它们各有所长。

（1）固体摆倾角传感器

固体摆的敏感质量是摆锤质量；固体摆倾角传感器有明确的摆长和摆心，其机理基本上与加速度传感器相同。在实用中产品类型较多，如电磁摆式，其产品测量范围、精度及抗过载能力较高，在武器系统中应用也较为广泛。

（2）液体摆倾角传感器

液体摆的敏感质量是电解液；液体摆倾角传感器是一种利用导电液体的电阻变化来测量倾角变化的传感器。其工作原理基于导电液体在倾斜时电阻的变化。当液体摆水平时，电极之间的导电液深度相同，电阻相等；当液体摆倾斜时，电极间的导电液深度不同，导致电阻不等，从而感知倾角的变化。液体摆倾角传感器系统稳定，在高精度系统中应用较为广泛。

（3）气体摆倾角传感器

气体摆的敏感质量是气体；气体是密封腔体内的唯一运动体，它的质量较小，在大冲击或高过载时产生的惯性力也很小，所以具有较强的抗振动或冲击能力。但气体运动控制较为复杂，影响其运动的因素较多，一般不用于高精度测量。

（4）基于 MEMS 的倾角传感器

随着 MEMS 技术的发展，惯性传感器件在过去的几年中成为发展较为成功、应用较广泛的微机电系统器件之一，而微加速度计（Micro Accelerometer）就是惯性传感器件的杰出代表。基于MEMS的倾角传感器采用体积小、功耗低、响应速度快和可靠性高的传感元件，已经广泛应用于工程机械领域。其中电容式MEMS加速度传感器通过内部的电容式微机械单元测量地球引力所产生的分量来实时输出当前的姿态倾角，其工作原理如图3.14所示。

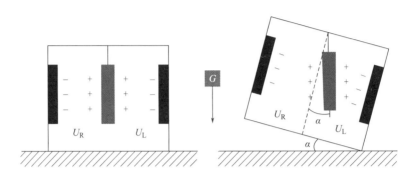

图3.14　电容式MEMS加速度传感器的工作原理

（5）电容微型摆锤倾角传感器

采用电容微型摆锤原理的倾角传感器利用重力，当倾角单元倾斜时，重力在相应的摆锤上会产生重力的分量，相应的电容量会变化，通过对电容量处量放大、滤波、转换之后得出倾角。

3. 倾角传感器的接线和安装

（1）倾角传感器的接线方法

1）两线制接线法

两线制接线法是最简单的一种接线方式，它只需要两根导线即可完成传感器的接线。具体来说，就是将传感器的正负极分别连接到测量仪表的正负极，可以通过测试仪表读取传感器输出的电压信号，进而测出倾角值。

优点：接线简单，成本低，适用于一些简单的应用场景。

缺点：信号引线长，易受电磁干扰，精度低，无法校准传感器。

适用范围：适用于一些要求低的场合，例如车辆倾斜角度检测、直升机起落架倾角检测等。

2）三线制接线法

三线制接线法是一种能提高信号抗干扰能力和检测精度的方法，它需要三根导线进行接线。其中，传感器的两个引脚分别接相反的电阻，另外一个引脚接电源或接地，借此形成一种桥式电路，从而提高了测量的精度和抗干扰能力。

优点：抗干扰能力强，精度高，可通过校准方法进一步提高精度。

缺点：接线较为复杂，成本较高。

适用范围：适用于一些对倾角精度要求较高的场合，如建筑机械、工业自动化、地震仪等。

3）四线制接线法

四线制接线法也是一种高精度、低干扰的接线方式，它需要四条导线进行接线，其中两条为电源引脚，另外两条为信号输出引脚，实现了传感器电源与信号的隔离，四线制接线法如图3.15所示。

图3.15　倾角传感器的四线制接线法

优点：抗电磁干扰和温度漂移能力强，精度高，稳定性好。
缺点：接线较为复杂，成本较高。
适用范围：适用于对精度和稳定性要求极高的领域，如火箭发射、航天器导航等。
（2）倾角传感器在塔机上的安装
塔机倾角传感器安装位置：塔机回转平台水平处，如图3.16所示。
安装方法：把倾角传感器吸附在塔机回转平台水平面上，要求安装的位置不会影响到人员的活动。注意：倾角传感器X轴位置箭头指向塔机大臂即可。

图3.16　塔机倾角传感器安装位置

具体步骤：
1）选择安装平面。

2）在基材上根据传感器尺寸画上打孔的点位。

3）打孔，塞进膨胀螺钉的基座部分。

4）螺钉穿过传感器固定孔，直接把传感器锁住。

5）传感器接线。

4. 阈值设置

塔机倾角传感器的安装要求：通过查阅《建筑施工塔式起重机安装、使用、拆卸安全技术规程》JGJ 196—2010中规定，在空载无风状态下，塔身轴心线对支承面的侧向垂直度偏差不应大于4‰；附着后，最高附着点以下的垂直度偏差不应大于2‰。因此根据塔机的安装状态，倾角传感器应设垂直度偏差允许范围为不大于4‰或2‰。

3.3.5 幅度及高度传感器

塔机在运行过程中，吊钩的高度是由绳索收起或放下的行程和动滑轮一起控制的。同理小车变幅也可以由绳索和动滑轮组成的机构控制小车的位置。因此，吊钩的高度和小车的变幅需通过绳索的变化来进行控制，而绳索的变化需要行程限位器来进行测量，因此，塔机的幅度可采用行程限位器实现测量的目的。

1. 工作原理

幅度传感器的工作原理是通过卷筒轴驱动限位器的输入轴，或者通过内部的小齿轮与卷筒上的齿轮以啮合的方式来驱动限位器的输入轴，当卷筒开始工作时，其转动的圈数被限位器记录下来，从而计算出钢绳放出的长度。

高度传感器的工作原理是塔机起升钢丝绳一端固定于塔尖，另一端缠绕在起升卷筒上，当起升电动机带动起升卷筒向不同方向旋转，通过传动机构和换向轮就变为吊钩的垂直上下运动。当重物起降时，钢丝绳带动导向定滑轮转动，若定滑轮直径已知，则当滑轮组倍率为二时，定滑轮周长与转数的乘积即为起升位移的二倍，因此可以通过测量导向滑轮的角位移间接测出起升高度。

塔机的吊臂和小车变幅电机配合使用幅度传感器，平衡臂与起升电机配合使用高度传感器。幅度传感器的安装位置在变幅小车电机旁，与高度传感器并排连接（图3.17）。采用专用过渡板与万向节的紧固方式，将幅度传感器紧固在过渡板安装孔位上，并用开口销把万向节一端固定在传感器轴上。高度和幅度传感器均可采用多功能转角式行程限位器进行高度、幅度的测量。

2. 高度传感器在塔机上的安装

（1）安装位置：塔机尾臂的高度限位器及幅度限位器旁，如图3.17所示。

图3.17　高度、幅度传感器在塔机上安装

（2）安装方法：先将高度、幅度传感器的底板用4个M5螺栓连接固定，然后把高度传感器用4个M5螺栓固定在安装底板上，再把连接好高度传感器的安装底板插入到塔机自身的限位器上，让这两个限位器的转轴保持在同一个轴心位置，插入U形板，最后，用万向节将高度传感器的连接轴和塔机自身的行程限位器的连接轴连接在一起。

（3）安装标准：用万向节与塔机自带限位器有效连接，尽量调节到同轴。与底板固定处螺栓要拧紧，多余的线要用扎带捆扎牢固。

（4）注意：

① 安装时一定要确保塔机停止工作，严禁安装工作与塔机工作同时进行；② 连接限位器的轴一定要保持在同一个轴心位置；③ 高度传感器应该与塔机自身的高度限位器变比一致；④ 安装过程中不允许改变塔机自身的限位；⑤ 安装高度传感器时一定要跳过盲区，出厂AD值设置为2000左右。

3.3.6 显示器

显示器的功能主要是显示塔机当前参数（塔高、臂长、倍率）和实时运行状态值（高度、幅度、吊重、角度、风速、力矩和安全吊重），并对危险运行状态进行声光报警提示，显示当前时间及设备使用状态。

显示器安装于驾驶室前方，不阻碍驾驶员视线且便于观看的位置（建议安装在驾驶人员视线左前方位置），如图3.18所示。

安装时特别注意：

（1）安装位置不影响驾驶人员正常作业时的观测视野，并注意防水。

（2）显示器与驾驶舱间使用2颗螺栓固定。

（3）数据电缆航空接头务必拧紧，电缆线务必用扎带固定、捆扎整齐。

图3.18 塔机安全监控系统显示器

3.3.7 主机

主机将塔机各传感器的数据采集、传输到显示屏，输出控制信号以及给显示屏供电，如图3.19所示。

主机安装在塔机驾驶室侧方，且在显示器数据电缆有效连接距离以内的位置（建议安装在驾驶人员左侧距离舱底1m以上的位置）。

安装位置：安装位置在驾驶人员左后侧的墙壁上，安装位置应当便于塔机驾驶人员观察设备情况。

安装方法：使用2个钻尾螺栓把主控器固定在塔机驾驶室的侧壁上。

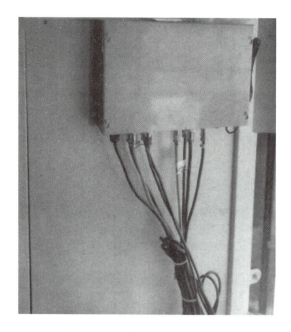

图 3.19 塔机安全监控系统主机

安装标准：要将主机安装在驾驶室内可以承受自攻螺栓钻孔强度的钢结构上，且不影响塔机驾驶员其他工作需要。钻尾螺栓要拧紧，防止主机因震动而脱落。

3.3.8 无线通信模块

无线通信模块功能：实现群塔中设备与设备之间的数据传输，实物如图3.20所示。

安装位置：安装在塔帽朝向大臂的一侧，数据天线竖直于地面。

图 3.20 塔机无线通信模块

【综合考核】

1.塔机安全监控系统已经得到广泛应用,并在工业和建筑行业中发挥着重要作用。

请结合所学塔机安全监控系统知识,写出图3.21中序号1~6对应的传感器设备名称,以及设备对应的功能(表3.1)。

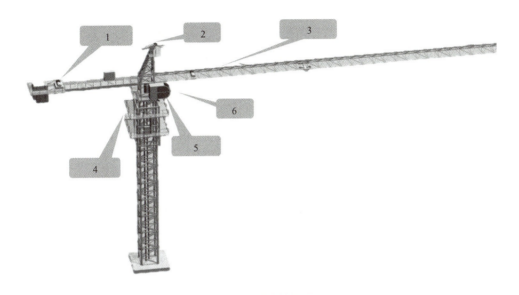

图 3.21　塔机结构图

塔机传感器功能表　　　　　　　　　　　　　　　　表 3.1

序号	名称	功能
1		
2		
3		
4		
5		
6		

2.请同学们走进施工企业、项目部、施工现场进行走访、调研。调研之前请做好充分的准备,带着问题调研,做到认真、严谨,秉承科学精神深入分析问题,形成报告。

分组:班级同学分组,4~5人为一组。

任务:调研的内容包括这些问题:(1)塔机安全监测过程中有哪些数据必须要进行监测,要求是什么?(2)塔机安全监控系统中设备通信技术有哪些,不同技术的优缺点是什么?(3)目前塔机安全监测系统在哪些方面可以提升和改进?

成果：撰写不少于2000字的现场调研报告，附上调研中所获得的数据和现场图片等相关材料。

3.卸料平台是施工现场常搭设的临时性的操作台和操作架，一般用于材料的周转（图3.22），其中钢丝绳主要用于悬挑式卸料平台的承重和安全保护。在材料转运过程中，会有很多危险因素，例如：超载、倾覆和坠落等。在卸料平台广泛应用的同时，也一直存在着监管难、超载现象严重且不知情等安全隐患。请根据要求选择正确的传感器，并设计卸料平台监测系统，由固定在卸料平台钢丝绳上的传感器实时采集当前载重数据，当出现超载现象时，现场声光报警，有效预防安全事故的发生。

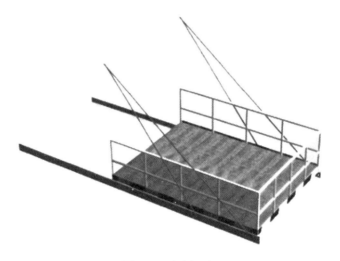

图3.22　卸料平台

模块四　深基坑监测系统

【任务背景】

2008年11月15日15时20分左右，杭州市萧山区地铁一号线湘湖站北2号基坑发生坍塌，震惊全国。此次事故造成了21人死亡、1人重伤、3人轻伤，直接经济损失达4962万元。造成事故的原因是：(1) 监测内容及测点数量不满足规范要求。(2) 部分监测内容的测试方法存在严重缺陷。(3) 提供伪造的监测数据。从这个事故可以看出深基坑工程的安全性直接关系到人民的生命和财产的安全。

随着城市化发展、地下空间的开发利用和高层建筑的出现，必然会出现更深的基坑和会要求使用更先进的基坑监测技术。

【任务导入】

深基坑工程监测是基坑工程施工中的一个重要环节，组织良好的监测能够将施工中各方面的信息及时反馈给深基坑开挖组织者，根据对信息的分析，可对深基坑工程维护体系变形及稳定状态加以评价，并预测进一步挖土施工后将导致的变形及稳定状态的发展。开挖施工总是从点到面，从前到后，将局部和前期的开挖效应与观测结果加以分析并与预估值比较，验证原开挖施工方案正确性，或根据分析结果调整施工参数，必要时采取附加工程措施，以此达到信息化施工的目的，使得监测数据和成果成为现场施工管理和技术人员判别工程是否安全的依据，成为工程决策机构必不可少的"眼睛"和"瞭望塔"。近年来，这种预警预报式的信息化施工方法避免了很多可能发生的工程事故，保护了人民的生命财产安全。你知道什么是深基坑吗？智能建造背景下，如何对深基坑进行监测？接下来我们一起学习如何做一名具有知识技能和高度责任心的监测者吧。

【知识内容】

4.1 深基坑安全监测的功能

深基坑概述

4.1.1 深基坑的概念

深基坑施工中，由于施工周期较长，周边地质、环境的特殊性和不稳定因素易引起深基坑的塌方、建筑物和道路的塌陷，甚至还会造成人员伤亡。深基坑工程为：

（1）开挖深度超过5m（含5m）的基坑（槽）的土方开挖、支护、降水工程。

（2）开挖深度虽未超过5m，但地质条件、周围环境和地下管线复杂，或影响毗邻建筑（构筑）物安全的基坑（槽）的土方开挖、支护、降水工程（图4.1）。

根据相关国家标准规定，深基坑工程应实施基坑工程监测。

图 4.1 某深基坑现场施工图

4.1.2 深基坑安全监测内容

（1）基坑监测是有计划的，严格按照有关的技术文件执行的工程。

（2）监测数据必须是可靠的。数据的可靠性由监测传感器的精度、可靠性及观测人员的素养来保证。

（3）对于监测的项目，应按照工程具体情况预先设定警戒值。

（4）每个工程的基坑监测数据应完整记录，形成图表和观测报告。

基坑安全等级是由基坑工程设计方综合考虑基坑周边环境和地质条件的复杂程度、基坑深度等因素，按照基坑破坏后果的严重程度所划分的设计等级。基坑安全等级按照现行相关规范确定。土质基坑设计安全等级应按现行行业标准《建筑基坑支护技术规程》JGJ 120 的相关规定划分（表 4.1）；岩体基坑设计安全等级应按现行国家标准《建筑边坡工程技术规范》GB 50330 的相关规定进行划分。

基坑安全等级 表 4.1

安全等级	破坏后果
一级	支护结构失效、土体过大变形对基坑周边环境或主体结构施工安全的影响很严重
二级	支护结构失效、土体过大变形对基坑周边环境或主体结构施工安全的影响严重
三级	支护结构失效、土体过大变形对基坑周边环境或主体结构施工安全的影响不严重

深基坑土体变形的监测与控制是确保安全施工的关键问题，基坑工程现场监测的对象应包括：支护结构、地下水状况、基坑底部及周边土体、周边建筑、周边管线及设施、周边重要的道路和其他应监测的对象等（表 4.2）。

基坑安全监测项目 表 4.2

监测项目		基坑工程安全等级		
		一级	二级	三级
围护墙（边坡）顶部水平位移		应测	应测	应测
围护墙（边坡）顶部竖向位移		应测	应测	应测
深层水平位移		应测	应测	宜测
立柱竖向位移		应测	宜测	宜测
围护墙内力		宜测	可测	可测
支撑内力		应测	宜测	可测
立柱内力		可测	可测	可测
锚杆轴力		应测	宜测	可测
土钉内力		宜测	可测	可测
坑底隆起（回弹）		宜测	可测	可测
围护墙侧向土压力		宜测	可测	可测
孔隙水压力		宜测	可测	可测
地下水位		应测	应测	应测
土层分层竖向位移		宜测	可测	可测
周边地表竖向位移		应测	应测	宜测
周边建筑	竖向位移	应测	应测	应测
	倾斜	应测	宜测	可测
	水平位移	应测	宜测	可测
周边建筑裂缝、地表裂缝		应测	应测	应测
周边管线变形		应测	应测	应测

基坑工程监测点的布置应能反映监测对象的实际状态及其变化趋势，监测点应布置在内力及变形关键特征点上，并应满足监控要求。基坑工程监测点的布置应不妨碍监测对象的正常工作，并应减少对施工作业的不利影响。监测标志应稳固、明显、结构合理，监测点的位置应避开障碍物，便于观测。

4.2 深基坑安全监测的设备

4.2.1 压力传感器

压力传感器

人类社会环境中，压力无处不在，所以压力传感器自然成为工业实践中最为常用的一种传感器，其广泛应用于各种工业自控环境，涉及水利水电、铁路交通、智能建筑、生产自控、航空航天、军工、石化、油井、电力、船舶、机床、管道等众多行业。

压力传感器是将压力转换为电信号输出的传感器[①]。

土压力是挡土构筑物周围土体介质传递给挡土构筑物的水平力。土压力的大小直接决定着挡土构筑物及被挡土体的稳定和安全。压力传感器的种类繁多，如电阻应变片压力传感器、半导体应变片压力传感器、压阻式压力传感器、电感式压力传感器、电容式压力传感器、谐振式压力传感器等。在监测基坑土压力时，常用振弦式压力传感器（图4.2）。振弦式压力传感器从外观上看通常为扁平的金属圆柱体，工程上称之为压力盒，测试信号由引出的导线传输至接收装置。振弦式压力传感器有单膜和双膜两种，基本区别在于单面感应和双面感应。

图4.2 振弦式压力传感器

1. 工作原理

振弦式压力传感器是把机械位移转为弦振动频率变化的一种传感器，拉紧的钢弦是振弦式压力传感器的敏感元件。从机械上看，它类似于提琴弦线的调音。如果提琴弦线的一端不连接在木钉上，而是连接于一个可动部件，如感压膜片上，则压力加于膜片上，弦线的音调或频率将随膜片上的压力变化而变，因此频率信号的变化就反映了被测

[①] 压力传感器一般是指将变化的压力信号转换成对应变化的电阻信号或电容信号的敏感元件，如：压阻元件、压容元件等。而压力变送器一般是指压敏元件与调理电路共同组成的测量压力的整套电路单元，一般能直接输出与压力呈线性关系的标准电压信号或电流信号，供仪表、PLC、采集卡等设备直接采集。

压力的变化。振弦式压力传感器，在欧美也有人称为"吉他"型仪表。

当夹紧在支承上的钢弦的应力发生变化，其谐振频率也因此而变化。利用钢弦频率仪中的激励装置使钢弦起振并接收其振动频率，根据受力前后钢弦振动频率的变化，并通过预先标定的传感器压力-振动频率曲线，就可换算出所需测定的土压力（图4.3）。

振弦式压力传感器易做成相当结实的水封和气封结构，可在恶劣环境下测量气压、油压、水位、砂粒和石块等的压力。

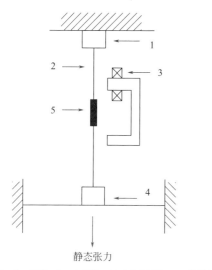

1—支承；2—钢弦；3—电磁铁；4—可动部件；5—纯铁片

图4.3　振弦式压力传感器的原理图

2. 安装要求

土压力传感器埋设于土压力变化的部位用于监测界面土压力。

土压力传感器需镶嵌在挡土构筑物内，使其应力膜与构筑物表面齐平，土压力传感器后面应具有良好的刚性支撑，在土压力作用下尽量不产生位移，以保证测量的可靠性。

土压力传感器水平埋设间距原则上为传感器盒体直径的3倍以上，垂直间距与水平间距相同，土压力传感器的受压面须面对待测的土体，埋设时，放置土压力传感器的土面须严格整平，回填的土料应与周围土料相同（去除石料），并小心用人工分层夯实，土压力传感器及电缆上压实的填土超过1m时，方可用重型碾压机施工（图4.4）。

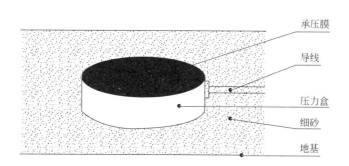

图4.4　土压力盒安装示意图

安装步骤：

（1）根据结构要求选定测试点与测力方向。

（2）使压力盒受力面（光面）与受力方向垂直安装。

（3）将导线沿结构体引出，最好采用护套管保护。

（4）连接仪器。将压力盒与所配接的产品连接好，记录下零点应变初值并保存好记录资料。

3. 监测点布置

围护墙侧向土压力监测点的布置应符合下列要求：

（1）监测点应布置在受力、土质条件变化较大或其他有代表性的部位。

（2）平面布置上基坑每边不宜少于2个监测点。竖向布置上监测点间距宜为2～5m，下部宜加密。

（3）当按土层分布情况布设时，每层应至少布设1个测点，且宜布置在各层土的中部。

4. 精度要求

（1）土压力传感器的量程应满足被测压力的要求，其上限可取设计压力的2倍，精度不宜低于 $0.5\%F \cdot S$，分辨率不宜低于 $0.2\%F \cdot S$。

（2）土压力传感器埋设可采用埋入式或边界式。埋设时应符合下列要求：① 受力面与所监测的压力方向垂直并紧贴被监测对象。② 埋设过程中应有土压力膜保护措施。③ 采用钻孔法埋设时，回填应均匀密实，且回填材料宜与周围岩土体一致。④ 做好完整的埋设记录。

（3）土压力计埋设以后应立即进行检查测试，基坑开挖前应至少经过1周时间的监测并取得稳定初始值。

4.2.2 应变传感器

在基坑工程中支撑结构是承受围护结构所传递的土压力和水压力的结构体系。按材料类型可划分为：现浇钢筋混凝土支撑、钢支撑和组合支撑。支护结构的主筋应变监测常用应变传感器进行。应变传感器有油压式、振弦式、电阻应变片式等多种类型。下面以电阻应变片式为例进行讲解。

1. 工作原理

电阻应变片式应变传感器的工作原埋是在一个金属弹性元件（以下简称元件）表面贴上电阻应变片，元件受外力作用产生变形，电阻片也产生相应的变形，因此电阻值亦相应的改变。利用电阻应变仪测量电阻值，即可从事先标定的数据中查出外力的大小。

2. 安装要求

电阻应变片式应变传感器多用于测量钢支撑的内力，选用能耐一定高温、性能良好的应变片，将其贴于钢支撑的表面，然后进行防水、防潮处理并做好保护装置，支撑受力后产生应变。

3. 监测点布置

支撑内力监测点的布置应符合下列要求：

（1）监测点宜设置在支撑内力较大或在整个支撑系统中起控制作用的杆件上。

（2）每层支撑的内力监测点不应少于3个，各层支撑的监测点位置在竖向上宜保持一致。

（3）钢支撑的监测截面宜选择在两支点间1/3部位或支撑的端头；现浇钢筋混凝土支撑的监测截面宜选择在两支点间1/3位置，并避开节点位置。

（4）每个监测点截面内传感器的设置数量及布置应满足不同传感器测试要求。

4. 精度要求

（1）支护结构内力可采用安装在结构内部或表面的应变传感器或应力传感器进行量测。

（2）混凝土构件可采用钢筋应力传感器或混凝土应变传感器等进行量测，钢构件可采用轴力传感器或应变传感器等进行量测。

（3）内力监测值宜考虑温度变化等因素的影响。

（4）应力传感器或应变传感器的量程宜为设计值的2倍，精度不宜低于 $0.5\%F\cdot S$，分辨率不宜低于 $0.2\%F\cdot S$。

（5）内力监测传感器埋设前应进行性能检验和编号。内力监测传感器宜在基坑开挖前至少1周埋设，并取开挖前连续2d获得的稳定测试数据的平均值作为初始值。

5. 其他应变传感器

振弦式应变传感器[①]是利用弦振频率与弦的拉力的变化关系来测量应变传感器所在点的应变（图4.5）。

振弦式应变传感器在制作出厂后，其中钢弦具有一定的初始拉力，因而具有初始频率，当应变传感器被埋入混凝土中后，应变筒随混凝土变形而变形，筒中弦的拉力随变形而变化，利用弦的拉力变化可以测出应变筒的应变大小。

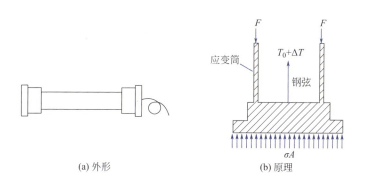

图4.5 振弦式应变传感器

4.2.3 水位传感器

水位和位移传感器

基坑施工过程中常会涌现地下水，或因开挖过深而涌出或突出，或因社会活动导致地质体内充水、湿度增加，使地下水位快速上升。而地基土内部的水，还极可能会降低土的承载能力，出现涌水状况，不利于后续施

---

① 使用振弦式应变传感器测量钢筋混凝土支撑系统中的内力时，对一般以承受轴力为主的杆件，可在杆件混凝土中埋入混凝土应变传感器，以量测杆件的内力。对兼有轴力和弯曲的支撑杆件，则需要同时埋入混凝土应变传感器和钢筋应力传感器，才能获得所需的内力数据。

工，还可能引发滑坡、地面沉降、塌陷等事故；地下水可能还会腐蚀常用的建筑材料，引发建设安全事故。因此我们要对地下水进行监测。以投入式水位传感器为例进行说明。

1. 工作原理

使用投入式水位传感器对地下水位测量（图4.6）。投入式水位传感器是基于所测液体静压与该液体的高度成比例的原理，采用隔离型扩散硅敏感元件或陶瓷电容压力敏感传感器，将静压转换为电信号，再经过温度补偿和线性修正，转化成标准电信号。

$$H=H_0+L \tag{4.1}$$

图4.6 投入式水位传感器外观

式中，L——传感器测得的压力差换算出的水深；

H_0——传感器埋设高程。

$$H_0=H_1-L_1 \tag{4.2}$$

式中，H_1——已知，根据设计图纸及相关记录得出；

L_1——人工测量，先在传感器电缆管口处做好标记，再将传感器拉出管口，用卷尺测出标记处到传感器顶尖的长度记为L_1（图4.7）。

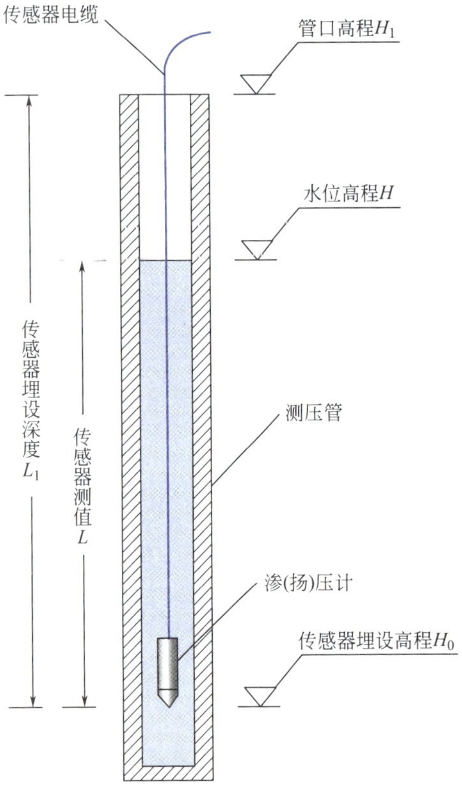

2. 安装要求

测点埋设采用地质钻钻孔，孔深根据要求而定，沿周边布设在基坑外沿口。测孔的安装应确保测出施工期间水位的变化。水位孔的深度在最低设计水位之下，成孔完成后，放入裹有滤网的水位管，管壁与孔壁之间用净砂回填至离地表0.5m处，再用黏土进行封填，以防地表水流入。

3. 监测点布置

地下水位监测点的布置应符合下列要求：

（1）基坑内降水当采用深井降水时，水位监测点宜布置在基坑中央和两相邻降水井的中间部位；当采用轻型井点、喷射井点降水时，水位监测点宜布置在基坑中央和周边拐角处，监测点数量应视具体情况确定。

（2）基坑外地下水位监测点应沿基坑、被保护对象的周边或在基坑与被保护对象之间布置，监测点间距宜为20～50m。相邻建筑、重要的管线或管线密集处应布置水位监测点；当有止水帷幕时，宜布置在止水帷幕的外侧约2m处。

（3）水位观测管的管底埋置深度应在最低设

图4.7 投入式水位传感器结构

计水位或最低允许地下水位之下 3～5m 处。承压水水位监测管的滤管应埋置在所测的承压含水层中。

（4）回灌井点观测井应设置在回灌井点与被保护对象之间。

4. 精度要求

地下水位监测宜通过孔内设置水位管，采用水位计进行量测。地下水位量测精度不宜低于 10mm。潜水水位管应在基坑施工前埋设，滤管长度应满足量测要求；承压水位监测时被测含水层与其他含水层之间应采取有效的隔水措施。水位管宜在基坑开始降水前至少 1 周埋设，且宜连续观测水位并取得稳定初始值。

4.2.4 位移传感器

位移传感器又称为线性传感器，有电感式位移传感器、电容式位移传感器、光电式位移传感器以及超声波式位移传感器等多种类型，是运用最广泛的传感器类型之一。

基坑在开挖过程中，基坑边坡的水平位移和垂直沉降是基坑工程中最直接、最重要的观测内容。主要包括边坡表面位移监测和深层岩土体的位移监测。传统的建筑物位移采用固定测斜仪进行观测，随着技术的发展，光纤位移传感器也逐渐应用到智能建筑中来。

1. 工作原理

（1）光纤传感器的工作原理：由于外界因素对光纤的作用，会引起光波特征参量（振幅、相位、频率等）发生变化，只要测出这些参量与外界因素间的变化关系，就可以用它作为传感元件来监测对应物理量的变化。

光纤位移传感器是由光纤输出的光照射到反射面上发生发射，其中一部分反射光返回光纤，测出反射光的光强，就能确定反射面的位移情况。

当深基坑边坡表面出现位移时，将导致传感光纤产生应变，从而使得光纤的参数发生改变，通过确定光纤各处的应变取值，即能监测得到发生位移的边坡位置。

（2）测斜仪的外观为细长鱼雷状，上、下近两端处配有两对轮子，上端有与测斜仪连接的绝缘量测导线（图4.8和图4.9）。测斜仪是一种通过量测仪器轴线与铅垂线之间倾角的变化量，进而计算桩墙各垂直位置各点水平位移的量测装置。

测斜仪的工作原理是利用重力摆锤始终保持铅直方向的性质，测得仪器中轴线与摆锤垂线的倾角（图4.10）。倾角的变化可由倾角传感器的电信号转换而来，从而可以知道被测对象的位移变化值。在摆锤上端固定一个弹簧片，弹簧片上端固定，下端靠着摆线，当测斜仪倾斜时，摆线在

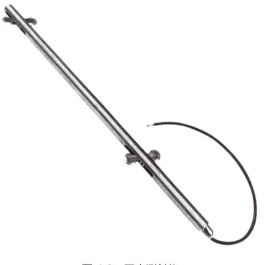

图 4.8　固定测斜仪

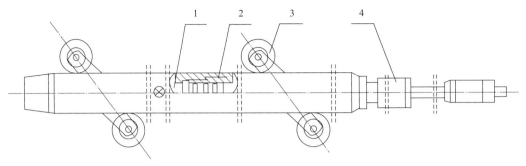

1—敏感元件；2—壳体；3—导向轮；4—引出电缆

图4.9 固定测斜仪的构造

摆锤的重力作用下保持铅直，压迫弹簧片下端，使弹簧片发生弯曲，由粘贴在弹簧片上的电阻应变片输出电信号，测出弹簧片的弯曲变形量，即可得知测斜仪的倾角，从而推出测斜管的位移。

2. 安装要求

（1）将两根感测光缆连接形成U形回路，用扎带、扎丝和布基胶带将感测光缆固定在导头内部。最后，套入导头套筒，接上导头尾部导管，完成导头组装。

（2）将固定好的感测光缆、钢丝绳，配重导头放入钻孔内部，缓慢下放。下放时，只能让钢丝绳受力，不能让感测光缆

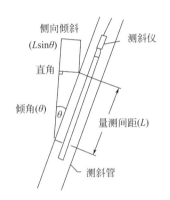

图4.10 测斜仪的原理

受力，同时应保证光缆挺直。在下放过程中每间隔2～3m绑扎固定一部分引线。光缆固定和初步检测：待光缆下放到底部后，立刻固定钢丝绳，拉紧光缆，并固定在井架上，固定后使用仪器对光缆进行检测。

（3）回填料以中砂为主，可配合少量黏土球，回填料应事先调配混合均匀，中砂与黏土球的配合比例为3∶1，避免在回填时，黏土球聚集发生堵孔现象。当钻孔深度不大，回填量少，回填时间较短时，应采用少量多次的方法回填封孔，避免孔口堵死以及钻孔内回填不密实。

（4）钻孔回填稳定后，剪去固定钢丝绳，将引线光缆引至孔口监测墩台，或者在基坑硬化地面切槽保护，并引至主线光缆。

（5）基坑从地表至底板埋深位置为开挖范围，随着开挖施工逐渐进行，钻孔内的光缆逐渐暴露出来，容易被开挖机械破坏。因此，在开挖段埋设直径大于160mm的钢管，并在管口引线出线位置用支架固定。引线从混凝土支撑上表面引至基坑线路集成点处，引线用不锈钢线槽保护。

3. 监测点布置要求

（1）围护墙或基坑边坡顶部的水平和竖向位移监测点应沿基坑周边布置，各侧边中

部、阳角处应布置监测点。监测点水平间距不宜大于20m，每边监测点数目不宜少于3个。水平和竖向位移监测点宜为共用点，监测点宜设置在围护墙顶或基坑坡顶上。

（2）围护墙或土体深层水平位移监测点宜布置在基坑周边的中部、阳角处及有代表性的部位。监测点水平间距宜为20～50m，每边监测点数目不应少于1个。

（3）用测斜仪观测深层水平位移时，当测斜管埋设在围护墙体内，测斜管埋设深度宜与围护墙入土深度相同；当测斜管埋设在土体中，测斜管埋深不宜小于基坑开挖深度的1.5倍，并应大于围护墙的深度，以测斜管底为固定起算点时，管底应嵌入稳定的土体中。

4. 精度要求

基坑围护墙（边坡）顶部、基坑周边管线、邻近建筑的水平位移监测精度应根据其水平位移报警值确定，见表4.3。

水平位移监测精度　　　　　　　　　　　　　　　　　表4.3

水平位移预警值	累计值 D（mm）	$D \leq 40$	$40 < D \leq 60$	$D > 60$
	变化速率 v_D（mm/d）	$v_D \leq 2$	$2 < v_D \leq 4$	$4 < v_D \leq 6$	$v_D > 6$
	监测点坐标中误差（mm）	≤ 1.0	≤ 1.5	≤ 2.0	≤ 3.0

围护墙（边坡）顶部、立柱、基坑周边地表、管线和邻近建筑的竖向位移监测精度见表4.4。

竖向位移监测精度　　　　　　　　　　　　　　　　　表4.4

竖向位移报警值	累计值 S（mm）	$S \leq 20$	$20 < S \leq 40$	$40 < S \leq 60$	$S > 60$
	变化速率 v_S（mm/d）	$v_S \leq 2$	$2 < v_S \leq 4$	$4 < v_S \leq 6$	$v_S > 6$
	监测点测站高差中误差	≤ 0.15	≤ 0.5	≤ 1.0	≤ 1.5

测斜仪的系统精度不宜低于0.25mm/m，分辨率不宜低于0.02mm/500mm。测斜仪探头置入测斜管底后，应待探头接近管内温度时再量测，每个监测方向均应进行正、反两次量测。

4.3 深基坑安全监测的频率和阈值

4.3.1 深基坑安全监测的频率

基坑工程监测频率的确定应满足能系统反映监测对象所测项目的重要变化过程而又不遗漏其变化时刻的要求。基坑工程监测工作应贯穿于基坑工程和地下工程施工全过程。监测工作应从基坑工程施工前开始，直至地下工程完成为止。对有特殊要求的基坑周边环境的监测应根据需要延续至变形趋于稳定后结束。监测项目的监测频率应综合考虑基坑类别、基坑及地下工程的不同施工阶段以及周边环境、自然条件的变化和当地经验而确定。当监测值相对稳定时，可适当降低监测频率。对于应测项目，在无数据异常和事故征兆的情况下开挖后现场仪器监测频率可按表4.5确定。

现场仪器监测频率　　　　　　　　　　　表 4.5

基坑设计安全等级	施工进程		监测频率
一级	开挖深度 h	≤ H/3	1次/（2～3）d
		H/3 ～ 2H/3	1次/（1～2）d
		2H/3 ～ H	（1～2）次/d
	底板浇筑后时间（d）	≤ 7	1次/d
		7 ～ 14	1次/3d
		14 ～ 28	1次/5d
		> 28	1次/7d
二级	开挖深度 h	≤ H/3	1次/3d
		H/3 ～ 2H/3	1次/2d
		2H/3 ～ H	1次/d
二级	底板浇筑后时间（d）	≤ 7	1次/2d
		7 ～ 14	1次/3d
		14 ～ 28	1次/7d
		> 28	1次/10d

注：1　h——基坑开挖深度；H——基坑设计深度。
　　2　支撑结构开始拆除到拆除完成后 3d 内监测频率加密为 1 次/d。
　　3　基坑工程施工至开挖前的监测频率视具体情况确定。
　　4　当基坑设计安全等级为三级时，监测频率可视具体情况适当降低。
　　5　宜测、可测项目的仪器监测频率可视具体情况适当降低。

当出现下列情况之一时，应提高监测频率。
（1）监测数据达到报警值。
（2）监测数据变化较大或者速率加快。
（3）存在勘察未发现的不良地质。
（4）超深、超长开挖或未及时加撑等违反设计工况施工。
（5）基坑及周边大量积水、长时间连续降雨、市政管道出现泄漏。
（6）基坑附近地面荷载突然增大或超过设计限值。
（7）支护结构出现开裂。
（8）周边地面突发较大沉降或出现严重开裂。

（9）邻近建筑突发较大沉降、不均匀沉降或出现严重开裂。
（10）基坑底部、侧壁出现管涌、渗漏或流砂等现象。
（11）基坑工程发生事故后重新组织施工。
（12）出现其他影响基坑及周边环境安全的异常情况。
当有危险事故征兆时，应实时跟踪监测。

4.3.2 深基坑安全监测的阈值

基坑工程监测报警值应由监测项目的累计变化量和变化速率值共同控制。

基坑及支护结构监测报警值应根据土质特征、设计结果及当地工程经验等因素确定；当无当地工程经验时，可根据土质特征、设计结果以及表4.6确定。

基坑及支护结构监测报警值　　　表 4.6

序号	监测项目	支护类型	基坑设计安全等级								
			一级			二级			三级		
			累计值		变化速率（mm/d）	累计值		变化速率（mm/d）	累计值		变化速率（mm/d）
			绝对值（mm）	相对基坑设计深度H控制值		绝对值（mm）	相对基坑设计深度H控制值		绝对值（mm）	相对基坑设计深度H控制值	
1	围护墙（边坡）顶部水平位移	土钉墙、复合土钉墙、锚喷支护、水泥土墙	30～40	0.3%～0.4%	3～5	40～50	0.5%～0.8%	4～5	50～60	0.7%～1.0%	5～6
		灌注桩、地下连续墙、钢板桩、型钢水泥土墙	20～30	0.2%～0.3%	2～3	30～40	0.3%～0.5%	2～4	40～60	0.6%～0.8%	3～5
2	围护墙（边坡）顶部竖向位移	土钉墙、复合土钉墙、喷锚支护	20～30	0.2%～0.4%	2～3	30～40	0.4%～0.6%	3～4	40～60	0.6%～0.8%	4～5
		水泥土墙、型钢水泥土墙	—	—	—	30～40	0.6%～0.8%	3～4	40～60	0.8%～1.0%	4～5
		灌注桩、地下连续墙、钢板桩	10～20	0.1%～0.2%	2～3	20～30	0.3%～0.5%	2～3	30～40	0.5%～0.6%	3～4
3	深层水平位移	复合土钉墙	40～60	0.4%～0.6%	3～4	50～70	0.6%～0.8%	4～5	60～80	0.7%～1.0%	5～6
		型钢水泥土墙	—	—	—	50～60	0.6%～0.8%	4～5	60～70	0.7%～1.0%	5～6

续表

序号	监测项目	支护类型	基坑设计安全等级							
			一级			二级			三级	
			累计值		变化速率（mm/d）	累计值		变化速率（mm/d）	累计值		变化速率（mm/d）
			绝对值（mm）	相对基坑设计深度H控制值		绝对值（mm）	相对基坑设计深度H控制值		绝对值（mm）	相对基坑设计深度H控制值	
3	深层水平位移	钢板桩	50~60	0.6%~0.7%	2~3	60~80	0.7%~0.8%	3~5	70~90	0.8%~1.0%	4~5
		灌注桩、地下连续墙	30~50	0.3%~0.4%		40~60	0.4%~0.6%		50~70	0.6%~0.8%	
4	立柱竖向位移		20~30	—	2~3	20~30	—	2~3	20~40	—	2~4
5	地表竖向位移		25~35	—	2~3	35~45	—	3~4	45~55	—	4~5
6	坑底隆起（回弹）		累计值（30~60）mm，变化速率（4~10）mm/d								
7	支撑轴力		最大值：（60%~80%）f_2 最小值：（80%~100%）f_y			最大值：（70%~80%）f_2 最小值：（80%~100%）f_y			最大值：（70%~80%）f_2 最小值：（80%~100%）f_y		
8	锚杆轴力										
9	土压力		（60%~70%）f_1			（70%~80%）f_1			（70%~80%）f_1		
10	孔隙水压力										
11	围护墙内力		（60%~70%）f_2			（70%~80%）f_2			（70%~80%）f_2		
12	立柱内力										

注：1　H——基坑设计深度；f_1——荷载设计值；f_2——构件承载能力设计值，锚杆为极限抗拔承载力；f_y——钢支撑、锚杆预应力设计值。

2　累计值取绝对值和相对基坑设计深度H控制值两者的较小值。

3　当监测项目的变化速率达到表中规定值或连续3次超过该值的70%应预警。

4　底板完成后，监测项目的位移变化速率不宜超过表中速率预警值的70%。

当出现下列情况之一时，必须立即进行危险报警，并应对基坑支护结构和周边环境中的保护对象采取应急措施。

（1）监测数据达到监测报警值的累计值。

（2）基坑支护结构或周边土体的位移值突然明显增大或基坑出现流沙、管涌、隆起、陷落或较严重的渗漏等。

（3）基坑支护结构的支撑或锚杆体系出现过大变形、压屈、断裂、松弛或拔出的迹象。

（4）周边建筑的结构部分、周边地面出现较严重的突发裂缝或危害结构的变形裂缝。

（5）周边管线变形突然明显增长或出现裂缝、泄漏等。

根据当地工程经验判断，出现其他必须进行危险报警的情况。

【综合考核】

随着技术的发展,越来越多的位移传感器应用于深基坑的安全监测。同学们通过走进施工企业、项目部、施工现场进行走访、调研,除本模块所述传感器外,还有哪些传感器应用于深基坑的安全监测呢?请以实事求是的态度和刻苦钻研的科学精神深入了解,形成调研报告。

分组:班级同学分组,4~5人为一组。

任务:调研的内容包括这些问题:(1)深基坑监测的依据、法规有哪些?(2)除本章所述传感器外,还有哪些传感器应用于深基坑的安全监测?(3)目前深基坑监测系统在哪些方面可以提升和改进?

成果:撰写不少于2000字的调研报告,附上调研中所获得的数据和现场图片等相关材料。

模块五　高支模监测系统

【任务背景】

随着我国城市化进程的不断推进和建筑业的蓬勃发展，人们对建筑物内生活场景的要求越来越高，大跨度及大空间建筑受到越来越多人们的青睐。基于易用性以及美观性的考虑，高支模作为混凝土施工过程中的重要临时性结构被广泛应用在建设工程施工过程中。然而近年来高支模坍塌事故频发，不仅对相关施工人员的人身安全造成了严重的威胁，同时造成了巨大的财产损失和资源浪费。因此对高支模的关键参数进行监测并采取相应措施可以有效地降低高支模坍塌事故的发生率，降低损失。本模块重点讲述智能建造背景下的高支模监测系统。

【任务导入】

高支模监测系统运用物联网和云计算技术，通过监测数据分析和判断高支模的状态，预警高支模危险状态，及时排查危险原因，保护施工现场人员人身和财产安全。智能建造背景下的高支模监测系统应监测高支模的哪些数据呢？

【知识内容】

5.1　高支模监测系统功能

5.1.1　高支模破坏机理

高支模监测系统功能

高支模破坏机理

高支模是指支模高度大于或等于8m时的支模作业。高支模发生局部坍塌，主要是高支模局部立杆失稳弯曲导致的。高支模发生整体倾覆是由于水平作用或水平位移过大，产生重力二阶效应，最终导致整体失稳（图5.1）。

首先，高支模的破坏往往始于局部失稳。这主要是由于高支模局部立杆失稳弯曲，由相连的水平钢管牵动相邻立杆，引起连锁反应。当模板下陷时，尤其是在混凝土未固结的

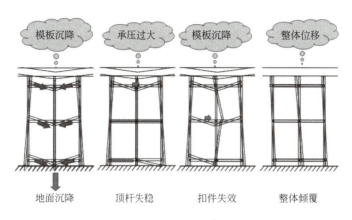

图 5.1 高支模破坏机理

情况下，会在下陷处聚集加重荷载，导致高支模局部坍塌。此外，当混凝土已初凝但强度不足时，构件可能会发生"超筋"脆性破坏下坠，这同样会导致高支模坍塌。

其次，高支模的整体失稳也是破坏机理的重要组成部分。这通常是由于水平作用或水平位移过大，产生重力二阶效应，最终导致整体失稳。此外，如果支模架体系承受较大的水平荷载，如泵送混凝土管道的水平推力、风荷载等，超出支模架的承受范围，会导致支模架水平面层陷落垮塌。

再者，支模架体系的构造和设置也会对其稳定性产生重要影响。如果支模架体系的联墙件、联柱件布置太少，或者纵向、横向、水平剪刀撑设置不合理，会导致支模架整体没有足够的受力点支持，容易发生局部震荡倾斜，从而引发高支模整体坍塌。同样，如果立杆步距太大，会大大降低整体支模架受力，增加坍塌的风险。

此外，外部环境因素也可能对高支模的稳定性产生影响。例如，基坑周边如果环境复杂，一些细微的震动会导致支模架扣件松动，进而引发高支模坍塌。

高支模破坏是一个多因素共同作用的结果。为了确保高支模的安全稳定，需要在设计、施工、材料选择以及外部环境监测等方面采取全面而有效的措施。这包括合理设计支模架结构、严格控制材料质量、优化施工工艺、加强现场管理等。同时，对于已经搭建好的高支模，应定期进行安全检查和监测，及时发现并处理潜在的安全隐患。

5.1.2 高支模监测系统作用

1. 支撑体系监测

支撑体系监测主要是对模板支撑体系的稳定性、承重能力和结构状态进行实时监控。其监测基于力学原理，通过安装传感器和监测设备，对支撑体系的变形、位移和应力进行实时数据采集。在监测过程中，需要注意以下几点：

（1）合理选择传感器类型和布置位置，确保全面反映支撑体系的受力状态。

（2）定期对传感器和监测设备进行校准和维护确保数据准确性。

高支模监测系统作用

（3）对监测数据进行实时分析，一旦发现异常情况，及时采取相应措施进行处理。

2. 混凝土浇筑过程监测

混凝土浇筑过程监测主要是对混凝土浇筑过程中的温度、应力和位移进行实时监控。其监测基于物理原理，通过安装传感器和监测设备，对混凝土的各项参数进行实时数据采集。在监测过程中，需要注意以下几点：

（1）合理选择传感器类型和布置位置，确保全面反映混凝土的浇筑状态。

（2）密切关注传感器数据变化，及时调整混凝土浇筑速度和方式，防止出现施工事故。

3. 结构变形监测

结构变形监测主要是对建筑结构的位移、沉降和变形进行实时监控。其监测基于几何原理，通过安装传感器和监测设备，对建筑结构的变形进行实时数据采集。在监测过程中，需要注意以下几点：

（1）合理选择传感器类型和位置，确保全面反映建筑结构变形情况。

（2）对关键部位进行重点监测，如结构拐角、荷载集中区域等。

（3）对监测数据进行实时分析，一旦发现异常情况，及时采取相应措施进行处理。

4. 温度影响监测

温度影响监测主要是对施工过程中温度变化对施工质量和安全的影响进行实时监控。其监测基于热力学原理，通过安装温度传感器和监测设备，对施工现场的温度变化进行实时数据采集。在监测过程中，需要注意以下几点：

（1）合理选择温度传感器的类型和布置位置，确保全面反映施工现场温度情况。

（2）对温度变化趋势进行实时分析，预测可能对施工产生的影响。

（3）一旦发现温度出现异常变化，及时采取相应措施进行处理，以避免对施工质量和安全产生影响。

5. 施工荷载监测

施工荷载监测主要是对施工过程中的荷载进行实时监控。其监测基于力学原理，通过安装荷载传感器和监测设备，对施工区域的荷载进行实时数据采集。在监测过程中，需要注意以下几点：

（1）合理选择荷载传感器的类型和布置位置，确保全面反映施工区域的荷载情况。

（2）对荷载变化趋势进行实时分析，预测可能对施工产生的影响。

（3）一旦发现荷载异常情况，及时采取相应措施进行处理，以避免对施工质量和安全产生影响。

6. 钢筋应力监测

钢筋应力监测主要是对钢筋混凝土结构中钢筋的应力进行实时监控。其监测基于物理原理，通过安装钢筋应力传感器和监测设备，对钢筋的应力进行实时数据采集。在监测过程中，需要注意以下几点：

（1）合理选择钢筋应力传感器的类型和布置位置，确保全面反映钢筋的应力情况。

（2）对钢筋应力变化趋势进行实时分析，预测可能对结构产生的影响。

（3）一旦发现钢筋应力异常情况，及时采取相应措施进行处理，以避免对结构产生不利影响。

5.1.3 高支模监测系统组成与架构

高支模监测系统是一种用于监测和控制高支模的设备和技术。系统运用物联网和云计算技术，实时监测混凝土浇筑过程中高支模的水平位移、模板沉降、立杆轴力、杆件倾角等参数，通过数据分析和判断，预警危险状态，及时排查危险原因，保护施工现场人员人身和财产安全。

高支模监测系统组成与架构

1. 高支模监测系统组成

高支模监测系统由传感器、数据采集器、数据传输与存储系统、分析与处理软件以及报警与控制系统等组件组成，通过收集、传输、存储和分析高支模的监测数据，以实现对高支模状态的实时监测、数据分析和控制（图5.2）。

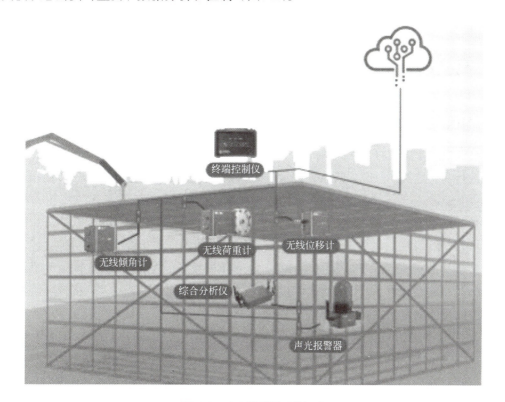

图 5.2　高支模监测系统组成

传感器设备广泛应用在高支模监测系统中，主要对高支模水平位移、模板沉降、立杆轴力、杆件倾角进行监测。

2. 高支模监测系统架构

高支模监测系统采用智能无线监测系统实施监测，系统主要由采集主机、智能无线数据采集终端、轴压传感器、位移传感器、无线声光报警器组成，如图5.3所示。

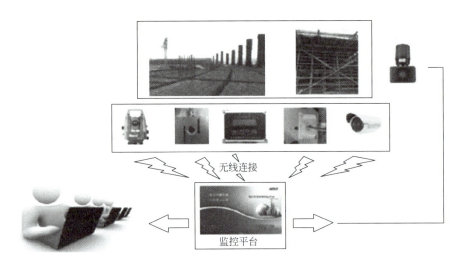

图 5.3 高支模监测系统架构图

5.2 高支模监测系统设备与功能

高支模监测系统
功能与设备

5.2.1 倾角传感器

在高支模脚手架立杆使用过程中,支架倾斜过大极易造成支架坍塌。因此需要对支架的倾斜进行实时监测,一旦发现支架的倾斜过大,则采取相应措施,以保证结构和人员的安全。

倾角传感器是一种用于测量物体相对平面倾斜角度的仪器。倾角传感器又称作倾角仪、倾斜仪、测斜仪、水平仪、倾角计,经常用于物体的水平角度变化的精确测量,用它可测量被测平面相对于水平位置的倾斜度、两部件相互平行度和垂直度;倾角传感器已成为桥梁架设、铁路铺设、石油钻井、航空航海、工业自动化、智能平台、机械加工等领域不可缺少的重要测量仪器。

倾角传感器的组成主要包括感应元件、信号转换电路、输出接口。倾角传感器把MCU、MEMS加速度传感器、模数转换电路、通信单元全都集成在一块非常小的电路板上面,可以直接输出角度等数据,让人们更方便地使用它。感应元件通常采用MEMS(微机电系统)技术制造,包括加速度计、陀螺仪、电阻、光学传感器等,这些元件负责捕捉和转换倾斜角度的信息。信号转换电路负责将感应元件捕捉到的物理信号转换成电信号,以便于处理和传输。输出接口则是将转换后的电信号输出,以便与外部设备连接,实现数据的读取和应用。

1. **倾角传感器的分类**

从工作原理上可分为固体摆、液体摆、气体摆三种倾角传感器。

从测量的维度和场景上可分为单轴倾角传感器和双轴倾角传感器。

单轴倾角传感器是一般常见的倾角传感器，只可以测量绕一个轴产生的角度变化。当倾角传感器静止时作用在它上面的只有重力加速度；重力垂直轴与加速度灵敏轴之间的夹角就是倾斜角。

双轴倾角传感器通过直接测量被测物体的加速度，通过积分运算能够得到物体的线速度，进一步得到物体的位移。从根本上来说，仍是遵从物体运动的惯性定律和积分计算方法。

双轴倾角传感器共有两个灵敏轴，分别为X轴和Y轴。双轴可以测量相对于两个轴的角度变化。当灵敏轴与重力方向垂直时，每次倾斜1°引起的输出改变值较大；当灵敏轴与重力方向呈45°时，每次倾斜1°引起的改变值较小；当两者接近平行时，每次偏移几乎不再引起输出改变。依据这个原理，双轴倾角传感器能够测量更多类型的物体和测量更多类型的视点，极大提升了测量效率。

需要注意的是，双轴倾角传感器能够测量X轴和Y轴两个方向的角度，但不能同时测量X轴与Y轴两个方向的角度，一次只能测一条轴向的角度，若一起测量则会引起横轴误差，不能确认其值。

2. 倾角传感器安装方法

在安装时应保持传感器安装面与被测物体面平行。传感器安装面与被测物体的安装面完全紧靠（被测物体的安装面要尽可能水平），不能有夹角产生（图5.4a）。如果安装面不平整，可能造成倾角测量误差，正确安装方式如图5.4（b）所示。安装时应尽量使传感器测量轴向与被测方向平行，两轴线不能有夹角产生（图5.4c）。如果安装不平行则会产生交叉轴误差，造成倾角测量误差，正确的安装方式如图5.4（d）所示。

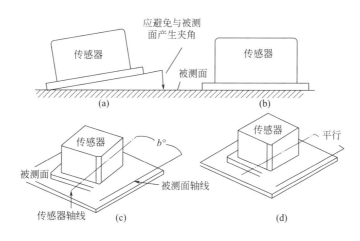

图5.4 立杆倾角安装原理

倾角传感器安装前，先根据设计要求确定仪器的安装位置和测量倾斜角的方向，检查倾角传感器完好后，将倾角传感器的安装支架固定在被测物部位，然后把倾角传感器固定在安装支架上，随后调整安装支架的定位螺钉，使倾角传感器的轴线尽量垂直，之后倾角传感器连接读数仪将初始测值调整接近零点（图5.5）。也可根据设计需要自定仪器的初始

图 5.5 倾角传感器安装示意图

倾斜角度，使仪器的正负变化范围适应实际的测量需要。

倾角传感器可水平安装和垂直安装。根据安装的方式不同，单轴和双轴倾角传感器测量的角度也不同。双轴倾角传感器可测量翻转和俯仰角；而单轴倾角传感器在选择水平安装时只能测量翻转角或俯仰角其中一个，在选择垂直安装时只能测翻转角。

如图 5.6 所示，以 X 轴单轴倾角传感器为例，传感器的倾斜面只能与 X 轴有夹角，倾斜面是固定在一条轴线（Y轴）进行转动的。同理，Y 轴单轴倾角传感器是以 X 轴为固定轴进行旋转的。双轴倾角传感器的倾斜面则能够与 X、Y 轴都有夹角，也可只与其中一个轴有夹角。

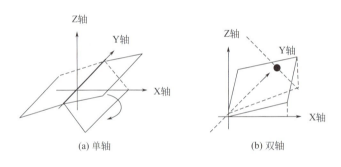

图 5.6 单轴和双轴检测面

可以看出，双轴倾角传感器倾斜面的活动部分是一个点或线；而单轴则只能是一条线。例如，测量竖直墙面的倾角是以墙体与地基结合线为活动部位，此时可用单轴；而如果是测量竖直物体缓慢倾倒的进程，是以接触点为活动部位，这种情况下，则需要用双轴倾角传感器进行丈量。

倾角传感器的接线在塔机安全监控系统模块中有介绍，这里就不作讲解了。

5.2.2 位移传感器

支模系统是建筑结构施工中的关键组成部分，它的稳定性直接影响整体结构的安全性。通过对支模的水平位移的监测，即了解支模系统的水平位移及模板沉降情况，可以实时评估支模结构的稳定性和变形情况，及时采取必要的调整和加固措施，保证施工过程中的安全性。

位移传感器具有精度高、响应速度快以及适应性强的特点。在工业生产线上，水平位移传感器用于测量机械设备的运动、位置和变形。例如：在机械加工中，可以用来监测机床工作台的水平位移，确保加工精度和稳定性；在机器人操作中，用于检测末端执行器的位置，以实现精确的操作。在建筑结构监测中，水平位移传感器被用来监测建筑物的沉降、变形和挠曲，这对于确保建筑物结构安全、稳定至关重要。位移传感器可以安装在桥梁、大坝、高楼等结构物上，及时检测结构变化并采取必要的维护措施。

高支模位移传感器的组成可以根据传感器类型的不同而有所差异，通常包括传感元件、信号处理电路、接口电路和输出、外壳和保护结构、连接器和安装装置等部分。其中传感元件是传感器的核心部件，根据使用元件不同，分为光学式位移传感器、线性接近传感器、超声波位移传感器等。

以光学式位移传感器为例，光源发出的光通过透镜进行聚光，并照射到物体上。物体发出的反射光通过受光透镜集中到一维的位置检测元件（PSD）上。如果物体的位置（距离测定器的距离）发生变化，PSD上成像位置将不同；如果PSD的两个输出平衡发生变化，PSD上的成像位置将不同，PSD的两个输出平衡会再次发生变化。如果将这两个输出作为 A 和 B，计算 $A/(A+B)$，并加上适当的拉线系数和残留误差，可求得位移量等于 $A/(A+B) \times K+C$。测得的值不是照度（亮度），而是 A、B 两个输出的位移量。因此即使与测定对象物之间的距离发生变化，受光量发生变化也不会受影响，可以得到与距离的差、位置的偏移成比例的线性输出（图5.7）。

传感器测得的物理量（如电阻或电感值）需要经过信号处理电路进行放大、滤波和转换，以便提供精确的位移测量结果。经过信号处理后，传感器通常会输出一个电信号或数字信号，这取决于传感器的类型和使用环境。接口电路用于将处理后的信号转换成适合连接到其他设备或系统的形式，例如模拟电压输出或数字接口。这些组成部分共同作用，确保高支模水平位移传感器能够准确、稳定地测量目标物体的位移。

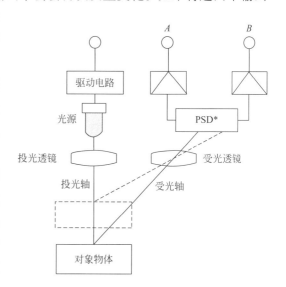

图5.7　光学式位移传感器原理

1. 位移传感器分类

（1）接触式高支模位移传感器

电阻式传感器：利用电阻值的变化来测量位移。传感器的感应电阻随着位移的变化而变化，通过测量电阻值的变化可以确定位移大小。这种传感器通常包括一个移动的接触物体（如滑动电阻或旋转电位器），它与被测量的物体直接接触。

电感式传感器：基于感应电感的变化来测量位移。当被测量物体移动时，感应电感的耦合系数或电感本身会发生变化，从而影响传感器的电感值。通过测量电感值的变化，可以确定位移大小。

（2）非接触式高支模位移传感器

光电式传感器：使用光电效应来测量位移。这类传感器通常包括一个发光源和一个接收器。发光源发出光束，经过被测物体反射或透过后到达接收器，接收器根据接收到的光强变化来确定位移大小。

激光传感器：使用激光束来测量位移。激光传感器通过测量反射激光束的时间延迟或相位变化来确定被测物体的距离和位移。

这些传感器根据具体的应用需求和测量环境的要求选择使用。接触式传感器适合在环境条件比较恶劣、需要高精度测量的情况下使用；而非接触式传感器则适合需要避免物理接触或测量距离较远的情况下使用。

（3）常用位移传感器

高支模监测系统中常用的位移监测的仪器包括GPS、静力水准仪、倾角仪以及三维激光位移传感器等。

GPS测量方法是通过卫星定位技术获取被观测点的三维坐标，从而实现位移监测。这种方法具有定位快速、全天候的连续监测、自动化程度高、不受恶劣气候影响等优点。但同样也存在着一些缺点，例如测量精度较低、仅能达到厘米级，采样频率低，需要设置基站、价格较高等。静力水准仪监测法具有简洁方便、多点同步监测、测量精度高、不受恶劣气候影响等优点，但其通常只能进行竖向位移测量，应用范围较窄。倾角仪是通过测量结构发生变形后与铅垂线之间的倾角来计算出结构的变形量，该方法监测范围广、不易受恶劣环境影响、成本低，但是监测精度较低。激光位移传感器的工作原理是传感器发射激光脉冲信号至被测物体表面并反射至接收器，通过计算得出水平位置数值，根据每次测量数值的变化得出水平位移值与竖向位移值，该方法具有精度高、自动化监测、工作距离范围广、能够实现三维坐标测量的优点，其不足之处是价格略高，在极端环境下测量结果会受到影响。

2. 位移传感器安装方法

以激光位移传感器为例，安装前确定传感器安装的位置，通常是在需要测量的目标物体附近。确保安装位置稳固，能够准确地获取目标物体的位移信息。使用适当的安装支架或固定装置，将传感器固定在选择的位置上。确保传感器与测量目标物体之间的距离和位置符合传感器的设计要求，以获得最佳的测量效果。在安装之前或安装过程中，可能需要对传感器进行校准。这包括确保传感器的测量范围和灵敏度设置正确，以便适应实际的测量需求。安装完成后，进行传感器的调试和测试。可以通过移动目标物体来验证传感器的测量准确性和响应速度。根据需要调整传感器的位置或设置，确保达到预期的测量效果。激光位移传感器如图5.8所示。

5.2.3 立杆轴力监测——压力传感器

压力传感器在现代工业和科技中有着广泛的应用。在工业生产中，压力传感器可用于监测和控制液体和气体的压力，例如在压力容器、管道系统、液压系统和空气压缩机中的

(a) 激光发射器　　　　　　　　　(b) 传感器靶标

图 5.8　激光位移传感器

应用。通过它们的帮助确保系统稳定运行并提高生产效率。在建筑行业中，压力传感器可以用来监测建筑物各个部位的应力和压力变化，特别是在高层建筑、桥梁、隧道和大型公共设施中。通过实时监测，工程师可以评估结构的健康状况，预测潜在的结构问题，并采取必要的维护和修复措施，以确保建筑物的长期稳定和安全性。压力传感器也可用于地基工程中的地下水位监测和土壤压力监测。地基的稳定性直接影响着建筑物的安全性，因此通过传感器实时测量土壤的压力和水位，可以帮助工程师及早发现和解决地基沉降、土壤松动等问题，保证建筑物的稳定性和耐久性。

立杆轴力监测是一种关键的工程监测技术，常用于各类结构中，特别是桥梁、建筑物、挡墙等需要稳定和安全性的工程项目中。一般情况下，经强度和稳定性验算的立杆能满足上部材料和施工作业设计荷载的要求。但在实际施工中，往往会出现混凝土超量堆载的现象，造成局部立杆失效，引起不良连锁反应。对荷载较大的重点区域的立杆轴力进行监测是防止局部区域超载，保证支架正常工作的措施。立杆轴力主要通过压力传感器进行监测，即对面板施加在立杆上的压力进行测量。高支模监测系统中通常采用应变片传感器或压阻传感器来测量立杆的轴向力。

1. 压力传感器分类

（1）应变片传感器：应变片传感器是一种将受力物体的应变转换为电信号的传感器。在立杆上安装了应变片，当立杆受到外力作用时，会引起应变片的形变，进而改变其电阻值。这种变化可以通过电路进行测量和转换为相应的压力值或拉力值。标准的应变片一般采用聚酰亚胺作为基底，康铜丝粘附在上面。康铜是一种电导体，使用模板蚀刻法，产生康铜测量栅丝，然后粘附在基底与载体箔材上，从外观上来看其形成一个蛇形绕组图案。应变片通常被安装在被测材料的多个位置，并通过电缆连接到测量放大器。如果应变片被压缩，其电阻会减小。如果应变片被拉伸时，其电阻会增加。原因是当测量栅丝被拉伸时,电流通过的导体变细,导致电阻增加。应变片压缩和拉伸后其电阻变化如图5.9所示。

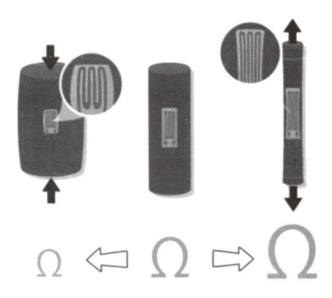

图5.9 应变片电阻变化

(2)压阻传感器:压阻传感器是一种基于材料电阻随受压变化的原理工作的传感器。通常,压阻传感器由导电材料构成,当受到外力时,导电材料会发生压缩或拉伸,从而改变其电阻值。这种电阻值的变化可以被测量,并通过电路转换为相应的压力值或拉力值。原理如图5.10所示。

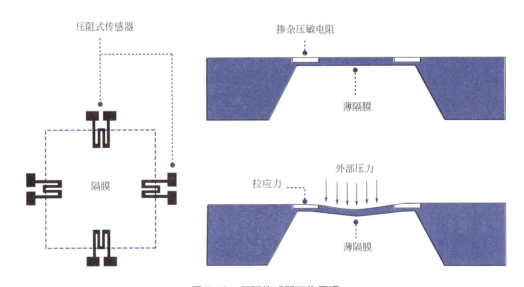

图5.10 压阻传感器工作原理

2. 压力传感器安装方法

立杆轴力监测与普通的基坑轴力监测类似,通过在支架顶托与模板之间安装轴力计,轴力计与数据采集仪相连,立杆轴力的变化通过数据采集仪将原始数据发送给采集终端,采集终端通过内嵌软件计算出杆件轴力。压力传感器可安装在立杆可调托撑与面板或楞梁之间,压力传感器与立杆、面板或楞梁间应保持紧密接触,接触面应平整、坚固。在立杆顶部与面板之间设置压力传感器,监测面板直接施加在立杆上的外力(图5.11)。沿主梁间隔设置压力传感器,布设间距不宜大于10m。跨度60m的高支模,可沿纵向布置2行测点,每行间隔10m布设一个测点,单跨高支模共设置10个测点。后期可根据现场情况及支架设计情况调整监测点数量及位置。

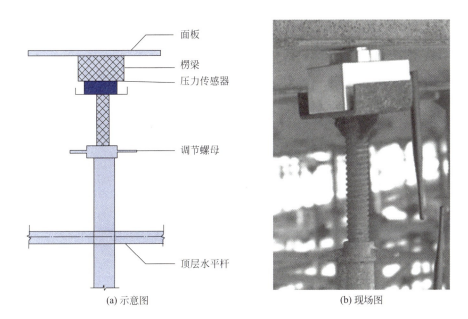

图5.11 压力传感器安装

立杆轴力测点应设置在荷载较大的区域,宜根据计算的最不利受力位置,选取有代表性的立杆布置轴力监测点。

【综合考核】

大型复杂工程项目已广泛应用高支模监测系统以确保施工安全。请同学们走进施工企业、项目部、施工现场进行走访和调研，形成报告。调研之前请做好充分的准备，带着问题调研，做到认真、严谨，秉承科学精神深入分析问题。

分组：班级同学分组，4～5人为一组。

任务：调研的内容包括这些问题：（1）高支模监测系统与传统监测方法有哪些区别？（2）高支模监测的依据、法规有哪些？（3）高支模监测布点有哪些原则，具体监测点如何选择？（4）目前高支模监测系统在哪些方面可以提升和改进？

成果：撰写不少于2000字的现场调研报告，附上调研中所获得的数据和现场图片等相关材料。

模块六　环境监测系统

【任务背景】

随着技术进步和社会发展，人们居住环境不断改善的同时，在发展过程中产生的环境污染的问题也日益突出，人们的身体健康和生活质量都受到极大影响。建筑业作为经济发展的支柱产业，人员、材料、施工机械等要素流动密集，在建筑施工过程中产生大量污染，包括噪声、扬尘、污水、固体垃圾等。其中，扬尘和噪声污染对施工现场人员和周边社区居民影响较大。对建筑施工现场的环境进行全面监测意义重大。生态环境没有替代品，用之不觉，失之难存。增强建筑工地污染防治意识，规范管理，创新措施，减少建筑施工对周边环境的影响，是建设美丽中国的要素之一，也是实现人民对美好生活向往的重要举措。

【任务导入】

工地环境监测系统可以帮助工地管理者及时掌握工地的污染情况，采取相应的防治措施。你知道我们呼吸的空气质量是什么样的吗？空气质量传感器可以帮助我们监测环境中的各类物质。我们应该如何选择合适的空气质量传感器，又应该把它们安装在什么位置呢？

【知识内容】

环境监测系统是对工地的大气颗粒物、噪声、大气压、风速、风向、温湿度进行监测（表6.1）。它能有效预防和控制施工过程中可能出现的污染和危害。通过实时监控空气质量、噪声、水质等因素，保障了工人和周边居民的健康与安全，同时提升了施工效率和工程质量，环境监测系统施工现场应用如图6.1所示。此外，这一监测活动还有助于推动建筑行业向更加绿色、低碳、可持续的方向发展，减少环境纠纷，从而维护社会和谐与稳定。简而言之，工地环境监测是实现安全施工、环境保护和可持续发展的重要措施之一。

建筑工地环境监测内容　　　　　　　　　表 6.1

常规要素	测量范围	分辨率	准确度	单位
$PM_{2.5}$	25～500	1	±10%	mg/m^3
噪声	30～130	0.1	±3	dB
大气压	10～1100	0.1	±0.3	hPa
风速	0～70	0.1	±0.3	m/s
风向	1～360	1	±3	°
大气温度	−50～100	0.1	±0.3	℃
大气湿度	0～100	1	±3	%RH

图 6.1　环境监测系统施工现场应用

6.1　环境污染物的来源

在建筑工地施工的过程中，扬尘的主要来源有材料运输和堆放、车辆运输、土方开挖、现场管理不规范等。例如，车辆运输中车身携带大量灰尘和浮土，在过往车辆和风力作用下，灰尘和浮土飘浮在空中，产生二次污染；土方开挖和回填的过程中土、石等材料的堆放，未采取合理的处理方法等。施工噪声的产生主要源于施工机械设备，如土石方开挖、打桩、结构施工、装修等过程中设备的运行都会产生大量噪声，给现场施工人员和附近居民的生活和身心健康都造成很大干扰。

6.2 环境监测传感器

近年来，我国多次强调倡导建设环境友好型社会，使用环境监测系统是响应国家减少建筑工地环境污染和节约建设资金的号召。这不仅有助于保护环境，还能为施工节省开支。

6.2.1 大气颗粒物传感器

建筑工程扬尘主要是由建筑施工单位在进行房屋建筑、市政工程或在国有土地的拆迁工地上从事新建、改建或者扩建过程中所产生的。

PM_{10} 常是指粒径在 $10\mu m$ 以下的颗粒物。$PM_{2.5}$ 指粒径在 $2.5\mu m$ 以下的颗粒物。大气颗粒物能够悬浮于空气中，对人体健康和大气环境质量产生不利影响。市面上比较多的是采用激光散射原理来测量大气颗粒浓度的传感器，如图 6.2 所示。

大气颗粒物传感器

图 6.2 激光大气颗粒物传感器

1. 工作原理

激光穿过被测气体的光强衰减主要基于光的散射原理，即当一束平行单色光垂直通过某一均匀非散射的吸光物质时，其吸光度与吸光物质的浓度成正比，通过测量激光的衰减来测量气体浓度。

激光大气颗粒物传感器是令激光照射在空气中的悬浮颗粒物上产生散射，在特定方向上的光散射波形与颗粒物直径有关。通过不同粒径的波形分类统计及换算公式可以得到不同粒径的实时颗粒物的数量浓度（图 6.3）。

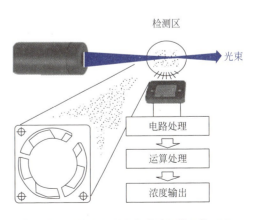

图 6.3 激光大气颗粒物传感器的工作原理

激光大气颗粒物传感器的工作过程如下：

（1）激光发射：传感器内部的激光发射器发出一束高度聚焦的激光束。

（2）光散射：当激光束遇到空气中的颗粒物时，会发生散射现象。散射的光被传感器的接收器接收。

（3）信号转换：接收器将接收到的光信号转换为电信号，然后送入数据处理系统。

（4）数据处理：数据处理系统根据散射的光的强度和方向来判断颗粒物的存在和含量。通常采用两种测量方法：散射角度法和散射强度法。

（5）结果输出：最终，传感器可以提供颗粒物的浓度分布，并以通用数字接口形式输出。

2. 安装方式

粉尘采集孔为传感器内部气流进气口，需要和外部空气保持良好接触；风扇安装位置为传感器内部气流出气口。传感器安装使用时，避免传感器周围有强气流干扰；如无法避免，尽量使外部气流方向与传感器内部气流方向保持垂直，如图6.4所示。

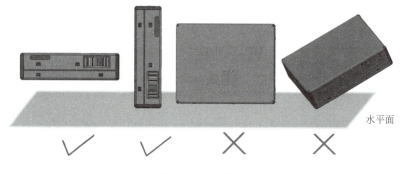

图6.4 安装方式

3. 阈值设置

颗粒物传感器的阈值设置，应按照《环境空气质量标准》GB 3095—2012进行（表6.2）。环境空气功能区分为二类：一类区为自然保护区、风景名胜区和其他需要特殊保护的区域；二类区为居住区、商业交通居民混合区、文化区、工业区和农村地区。

颗粒物传感器的阈值设置　　　　　　　　　　　　　表6.2

污染物项目	平均时间	浓度限值		单位
		一级	二级	
颗粒物（粒径小于等于10μm）	年平均	40	70	$\mu g/m^3$
	24小时平均	50	150	
颗粒物（粒径小于等于2.5μm）	年平均	15	35	
	24小时平均	35	75	
总悬浮颗粒物	年平均	80	200	
	24小时平均	120	300	

生态环境部2007年发布的《环境空气质量监测规范（试行）》规定：对于自动监测，其采样口或监测光束离地面的高度应在3～15m范围内；当某监测点需设置多个采样口时，为防止其他采样口干扰颗粒物样品的采集，颗粒物采样口与其他采样口之间的直线距离应大于1m。若使用大流量总悬浮颗粒物（TSP）采样装置进行并行监测，其他采样口与颗粒物采样口的直线距离应大于2m。

4. 其他大气颗粒物传感器

在建筑工地附近的空气监测系统中，常用的大气颗粒物传感器除激光散射法外，还有β射线吸收法及微量振荡天平法等。

（1）β射线吸收法

β射线吸收原理：原子核在发生β衰变时，放出β粒子。β粒子实际上是一种快速带电粒子，它的穿透能力较强，当它穿过一定厚度的吸收物质时，其强度随吸收层厚度增加而逐渐减弱的现象叫作β吸收。

β射线吸收法是一种利用了β射线衰减原理来测量大气中颗粒物浓度的方法，如图6.5所示。具体来说，空气通过采样器吸入采样管，经过滤膜后排出，颗粒物则截流在滤膜上。当β射线照射沉积了颗粒物的滤膜时，β射线的能量会因为散射和吸收而衰减。这种衰减的程度与滤膜上颗粒物的质量、厚度成正比。通过测量β射线的衰减程度，可以间接得出滤膜上颗粒物的质量，进而计算出单位体积空气中的颗粒物浓度。

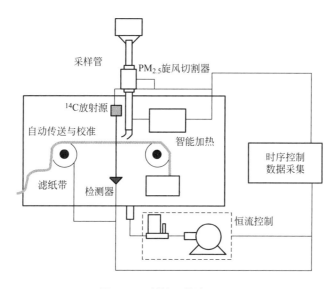

图6.5 β射线吸收法原理图

β射线吸收法的优势在于其测量不受气溶胶种类、粒径分布、形状、颜色或化学成分的影响，仅依赖于颗粒物的质量。因此，基于β射线吸收原理的大气颗粒物传感器既适用于间断性的定点测量，也能配置为自动连续监测系统。但随着样品采集的进行，在滤膜上收集的颗粒物越来越多，颗粒物质量也随之增加，此时β射线检测器检测到的β射线强度会相应地减弱。

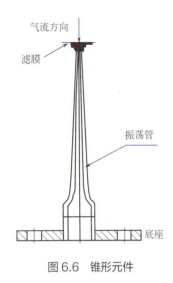

图 6.6 锥形元件

（2）微量振荡天平法

微量振荡天平法是一种高精度的颗粒物质量浓度测量技术，其基础建立在锥形元件振荡微量天平的原理之上。锥形元件是一个特制的核心组件，它在自身的自然频率下进行稳定的振荡运动，如图6.6所示。振荡频率受到多种因素的综合作用影响，主要包括振荡器件本身的物理属性、参与振荡过程的滤膜质量以及滤膜表面沉积的颗粒物质量。

在实际操作中，需要通过配备的采样泵和质量流量计，确保环境空气以恒定的流量穿过滤膜。在这一过程中，空气中的颗粒物会在滤膜表面逐渐累积。通过精确测量一定时间间隔内的初始和终止振荡频率，通过振荡频率的变化计算出沉积在滤膜上颗粒物的质量，再根据采样流量、采样现场环境温度和气压计算出该时段的颗粒物标态质量浓度。

5. **减轻大气污染的措施**

大气颗粒物，尤其是$PM_{2.5}$和PM_{10}，能够深入人体呼吸系统，对人体健康造成严重威胁。它们可以携带有害物质，如重金属和微生物，进入人体内部，引发各种疾病。此外，颗粒物还能影响空气质量和能见度，对交通安全和日常生活造成不便。

在工地扬尘监测系统中，大气颗粒物传感器用于实时监测工地周边的空气质量，特别是颗粒物的浓度。这些数据对于评估工地施工对周围环境的影响、制定相应的污染控制措施以及确保工人和居民的健康至关重要。在施工现场管理方面，应实施以下措施减少扬尘：施工现场周围安装了至少1.8m高的围挡以界定施工区域并确保安全；施工道路经过硬化处理，并定期进行清扫和洒水以控制扬尘，维持道路卫生；在施工过程中的土方作业，如开挖、装卸、运输等环节，采取了相应的扬尘控制措施以减少粉尘污染；对施工现场内裸露的土地采取了必要的保护措施，包括绿化或覆盖，以防止土壤流失和环境恶化。这些措施是施工现场管理的基本要求，旨在平衡施工效率与环境保护，确保施工活动符合相关法规和标准。通过监测系统，可以及时发现空气污染超标情况，采取措施减少扬尘排放，从而改善空气质量。

6.2.2 噪声传感器

建筑施工噪声则是指在建设公用设施中，如地下铁道、高速公路、桥梁、敷设地下管道和电缆等，以及从事工业与民用建筑的施工现场，都大量使用各种不同性能的动力机械产生的严重的噪声。

噪声传感器

建筑施工噪声对附近居民和工人的影响不容忽视。对于居民而言，持续的高噪声水平可能导致睡眠质量下降，影响日常工作和生活，长期暴露在这种环境中还可能增加患心血管疾病和听力损害的风险。对于工地工人，长期在噪声环境中工作同样会对听力造成损伤，同时可能分散注意力，增加工伤事故发生的可能性。因此，控制工地噪声是为了保护居民和工人的健康，确保他们能在安全和健康的环境中生活和工作。这不仅是遵守环保法规的要求，也是企业社会责任的体现。在这一过程中，我们关注的焦点包括噪声的强度及其声压的频率分布，这两者共同构成了噪声测量的核心内容。随着技术的进步和需求的深化，噪声传感器应运而生，将声音波动转化为微弱的电信号，从而显示出被测量的声压级噪声值，单位通常是分贝（dB）。噪声传感器的出现提升了测量的精度和效率。

根据工作原理，噪声传感器可以分为电容式、压电式、热噪声式、电阻式等。电容式噪声传感器在灵敏度和频率响应范围上表现较好，适合需要高精度测量的场合。压电式噪声传感器则因为结构简单和可靠性高，适合高频噪声检测。热噪声传感器虽然精度较高，但可能需要采取额外的温度控制措施。电阻式噪声传感器成本较低，但灵敏度也较低，适合简单的噪声检测应用。下面就市场上常见的电容式噪声传感器进行介绍。

1. 工作原理

电容式噪声传感器的工作原理基于电容器的基本物理性质，即电容值与电极之间的距离成反比。

电容式噪声传感器通常包含一个对声音敏感的电容式驻极体薄膜，该薄膜与背电极相对放置，中间有一个极小的空气隙。空气隙和驻极体共同作为绝缘介质，而背电极和驻极体上的金属层则作为两个电极构成一个平板电容器。电容器的两极之间有输出电极，当声波引起驻极体薄膜振动而产生位移时，改变了电容两极板之间的距离，从而引起电容的容量发生变化。由于驻极体上的电荷数始终保持恒定，电容变化时必然引起电容器两端电压的变化，从而输出电信号。

电容式噪声传感器的优势在于其高灵敏度和宽动态范围，能够检测到微弱的声音变化，并且能够在较宽的频率范围内工作。此外，由于电容式传感器不需要外部电源，它们在功耗方面相对较低，适合于长时间连续监测的应用场景。

2. 安装接线

在选择监测点时，需要考虑噪声源的位置和分布情况，以及现场的实际情况。一般来说，监测点应该选在噪声源附近或者噪声传播路径上，以便更准确地反映噪声的实际情况。在选择监测点时，还需要注意避免干扰和反射等因素对监测结果的影响。

在安装噪声监测设备时，需要根据设备的说明书和安装要求进行操作。一般来说，需要将设备固定在监测点上，并连接好电缆和数据采集器等设备，如图6.7所示。在安装过程中，需要注意设备的防水、防尘、防震等措施，以确保设备的稳定性和可靠性。

安装好噪声监测设备后，需要进行调试和校准。调试主要是检查设备的工作状态和数据传输等情况，确保设备的正常运行。校准主要是采用标准仪器对设备进行校准，以确保观测数据的准确性。在调试和校准过程中，需要注意设备的操作方法和维护保养要求，以避免对设备造成损坏或影响观测结果。

3. 噪声传感器的阈值设置

根据《建筑施工场界环境噪声排放标准》GB 12523—2011，在城市市区范围内向周围生活环境排放建筑施工噪声的施工现场，应当符合国家规定的建筑施工场界环境噪声排放

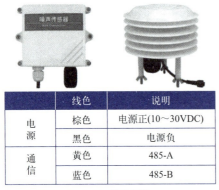

图6.7 噪声传感器的接线

标准：昼间（6：00至22：00）的噪声限值为70dB，夜间（22：00至次日6：00）的噪声限值为55dB。夜间噪声最大声级超过限值的幅度不得高于15dB。当场界距离噪声敏感建筑物较近，其室外不满足测量条件时，可在噪声敏感建筑物室内测量，并将昼间夜间的限值分别减10dB作为评价依据。根据《声环境质量标准》GB 3096—2008（表6.3）规定，工地属于3类声环境功能区：以工业生产、仓储物流为主要功能，需要防止工业噪声对周围环境产生严重影响的区域。

环境噪声排放标准　　　　　　　　　　　　　　　　　　表6.3

单位：dB

声环境功能区类别		时段	
		昼间	夜间
0类		50	40
1类		55	45
2类		60	50
3类		65	55
4类	4a类	70	55
	4b类	70	60

当噪声传感器在智能建造场景中检测到噪声超过限值时，系统会自动执行一系列预定的动作来应对。首先，监测装置会触发报警机制，发出声光报警信号，以提醒现场工作人员注意并采取相应措施。同时，系统会自动记录噪声超标的数据，包括超标的时间、持续时长、超标的程度等，以便事后分析和处理。此外，一些高级的监测系统还具备远程通知功能，可以通过短信、邮件或移动应用推送的方式将警报信息发送给指定的管理人员，以便及时响应。此外，监测系统可配备数据分析功能，能够生成噪声趋势图，帮助管理者识别噪声污染的源头和规律，进而制定有效的降噪措施。

4. 其他常见噪声传感器

根据设备外形分类，常见噪声传感器有壁挂式噪声传感器、长杆式噪声传感器、支架式噪声传感器、百叶盒式噪声传感器、板载式噪声传感器等，如图6.8所示。

	壁挂式	长杆式	支架式	百叶盒式	板载式
外观					
外壳	高防护外壳	304不锈钢		防紫外线外壳	—
精度	±0.5dB（在参考音准94dB@1kHz）				
安装方式	壁挂式	法兰	支架	托片	PCB板载
适用场合	室内：车间、机房监测	室外：车间、体育场馆监测	室内：临时活动区域监测	室外：露天监测站	室内：集成在其他设备中
信号	RS485 | 4～20mA | 0～10V | 0～5V | 4G				RS485|TTL

图6.8　噪声传感器的外形分类

（1）壁挂式噪声传感器

壁挂式噪声传感器适用于室内环境监测，如办公室、会议室、教室、家庭等场所。它们通常安装在墙壁上，便于监测室内的噪声水平。这种类型的传感器安装简便，不占用空间，适合长期固定监测。如果用于变电站等的室内监控，可以选择壁挂式噪声传感器。它只需要两个螺钉就可以安装在墙上，非常方便。

（2）长杆式噪声传感器

长杆式噪声传感器适用于需要从高处或者特定角度监测噪声的场合，如工厂车间、大型机械旁、体育场馆等。它们通常配备有法兰，可以安装在地面或其他支撑结构上，适合户外使用，能够有效监测较高位置的噪声水平。

（3）支架式噪声传感器

支架式噪声传感器适用于需要临时或便携式监测的场景，如施工现场、临时活动区域等。它们可以安装在预先准备的支架上，便于快速部署和移动，适合短期或不定期的噪声监测。

（4）百叶盒式噪声传感器

百叶盒式噪声传感器具有良好的防雨雪防尘效果，良好的空气流动性和抗紫外线辐射能力，适合户外各种环境使用。在智能建造中，通常安装在露天的监测站或其他保护装置中，能够在恶劣天气条件下保持稳定的监测性能。

（5）板载式噪声传感器

板载式噪声传感器通常集成在其他设备中，如智能家居控制器、环境监测系统等。它们适用于需要集成噪声监测功能的场合，可以提供实时的噪声数据，便于用户通过主设备进行监控和管理。

5. 减轻噪声的措施

在施工过程中，为减少噪声污染并保护周边环境，应采取措施降低噪声的影响。首先，选用低噪声的施工设备，从源头上减少噪声的产生；其次，合理规划施工现场的布局，最大限度地减少噪声对周围居民和环境的影响；此外，严格遵守施工时间的规定，确保不在夜间进行施工，以免干扰居民的正常生活和休息。这些措施可以有效控制施工期间产生的噪声，减少噪声对居民和工人的影响。

6.2.3　大气压力传感器

大气压是指大气层中空气重量作用在地球表面单位面积上的力，其单位多样，包括帕斯卡（Pa）、千帕斯卡（kPa）、百帕斯卡（毫巴）（hPa）、巴（bar）和标准大气压（atm）等。其中帕斯卡（Pa）是国际单位制中的基本单位，百帕斯卡（1hPa = 100Pa）和标准大气压（1atm=101325Pa）常用作大气压的单位。

大气压力传感器

大气压的变化范围非常广泛，它随着地理位置、海拔高度、温度和湿度等因素的变化而变化。在海平面上，标准大气压约为1013.25hPa。随着海拔的升高，大气压逐渐减小。大气压还与空气密度和温度密切相关，因此可以评估空气污染物的扩散和沉降速度，为环境监测提供重要数据。这些数据对于评估工地环境质量、预防潜在的安全风险以及制定相应的工程调整措施都具有重要意义。

大气压力传感器是将大气压的变化转换成电信号的变化，再经过电子测量电路对电信号进行测量和处理而获得气压值。常用的大气压力传感器有压阻式、电容式和压电式。在智能建造环境监测中，常用的大气压力传感器为PTB210型号（图6.9）、PTB220型号和DYC1型号（PTB330型号），均为电容式大气压力传感器。

图6.9　PTB210大气压力传感器

1. **工作原理**

电容式大气压力传感器（图6.10）的工作原理是将气压的变化转换为电容量的变化。

传感器主要由两个动片（弹性金属膜片）和两个定片（固定在凹玻璃上的金属涂层）构成，它们共同形成两个串联的电容器，如图6.11所示。当气压作用于动片时，动片的位移改变了其与定片之间的距离，进而影响了电容值。根据电容的基本公式$C=\varepsilon A/d$，电容值与电介质的介电常数ε、电极板的有效面积A以及电极板之间的距离d有关。在这个过程中，当ε和A保持恒定时，电容值C会随着d的变化而变化。

为了测量这种电容变化，传感器采用了电桥电路，该电路通过变压器以交流电激励。在没有气压作用时，电桥处于平衡状态，两个电容值相等，记作C_0。一旦气压作用于传感器，动片的位置变化会导致一个电容值增加ΔC（记作$C_0+\Delta C$），而另一个电容值减少相同的量（记作$C_0-\Delta C$），电桥因此失去平衡。这种不平衡导致了电容值较高的电容器端电压升高，从而在两个电容器之间产生电压差。这个电压差作为电桥的输出电压U，代表了进气压力的大小，实现了气压到电信号的转换。

图6.10 电容式大气压力传感器（膜盒式）

2. 安装接线

在智能建造上安装大气压力传感器需要综合考虑多个因素以确保其测量结果的准确性和可靠性。首先，选择一个稳定且无干扰的安装位置，这样可以有效避免外部振动和侧向力对传感器的不利影响。在实际安装操作中，必须确保传感器及其外部设备均已关闭，并且电源已被彻底切断，以此来保障整个安装过程的安全性。随后，将传感器的适配器与外部设备连接起来，细致检查插头与插座的匹配情况，确保连接准确牢固。安装方向同样不容忽视，必须严格遵照制造商提供的指南进行，无论是垂直还是水平安装，都必须做到精确无误。接着，精准定位传感器，确保其能够与待测量的气体充分接触，这是保证测量准确性的基础。最后，通过紧固螺栓等固定手段，将传感器稳固地固定在既定位置，这样可以在后续使用中避免因传感器松动而导致的测量误差。

安装好的传感器要保持静压气孔口畅通，以便正确感应外界大气压。定期检查膜盒式大气压力传感器的气孔口。

大气压力传感器的测量范围通常在0 ~ 1000hPa，电流消耗量4 ~ 20mA（2线制），输出电压为0 ~ 5V（2线制）、0 ~ 10V（3线制），输出方式有RS485（4线制）。

3. 阈值设置

在工地环境监测中，大气压的阈值设置通常取决于具体的应用需求和当地的气候条件。大气压通常以百帕（hPa）为单位进行测量，而其正常范围在950 ~ 1050hPa。这个范围覆盖了大多数地面水平的气压变化。在设置时与其他传感器参数相配合，要确保监测系统可

图6.11 电容式大气压力传感器原理

以及时响应气压变化，并在达到预定阈值时发出警报，以便采取适当的措施。

4. 其他大气压力传感器

（1）压阻式传感器：压阻式大气压力传感器由三个核心部分组成：传感器元件、信号处理电路和输出接口。传感器元件的核心作用是感知外界气体的压力变化，其内部包含了一个关键组件——弹性敏感元件。当外部压力作用于这个弹性元件时，它会随之发生微小的形变。这种形变会被传递到与之紧密相连的电阻应变片上，后者是信号处理电路的重要组成部分。电阻应变片对形变非常敏感，即使是微小的形变也会引起其电阻值的变化。信号处理电路的作用就是捕捉并放大这些细微的电阻变化，将其转化为易于处理的电信号。最终，这些处理过的信号通过输出接口传输给外部的监控或控制系统。通过分析输出的电压变化，我们能够精确地推断出电阻应变片所感受到的实际压力大小，从而实现对气体压力的精准监测和控制。

（2）压电式传感器：压电式大气压力传感器的敏感材料主要是压电陶瓷，这些材料能够在受到压力时产生电荷，从而实现压力到电信号的转换。压电式传感器利用压电效应来测量气体的压力。在压电式大气压力传感器内部，压电材料被精密安置于一个机械结构内，确保在气体压力的作用下，材料能够产生相应的形变。正是这种形变引发了压电材料的电荷分离和极化现象，进而产生可测量的电势差。通过对这一电势差的精确测量，压电式大气压力传感器能够有效地将气体的压力变化转换为电信号输出，实现对大气压力的精准监测。

6.2.4 风速和风向传感器

如何测量风速和风向，其实在古代就已经出现相关方法，《三国演义》中的诸葛亮借东风火烧赤壁，就是因为有效地掌握了风向和风速方面的知识，从而取得了军事的重大胜利。在现代，风速传感器被用于测量空气流速，其工作原理一般基于测量风力对传感器的作用力或风速对传感器产生的信号的改变。风向传感器的主要作用是测量风向，并将风向信息转换为相应的数值输出。这种设备通常通过风向箭头的转动来探测外界的风向信息，并将其传递给同轴码盘，从而输出与风向相关的数值。

1. 常见的风速传感器

在高风速的环境下，施工作业容易受到阻碍，如起重机械的操作、高空作业等。此外，高风速还会使灰尘、杂物等物质飞扬，影响施工材料的清洁度和粘结性。因此，合理安排施工计划、加强风险防范措施，控制风速对施工质量的影响至关重要。

风速传感器大体上分为机械式（主要有螺旋桨式、风杯式）风速传感器、热风式风速传感器、皮托管风速传感器和基于声学原理的超声波风速传感器。

（1）螺旋桨式风速传感器

我们知道电扇由电动机带动风扇叶片旋转，在叶片前后产生压力差，推动气流流动。螺旋桨式风速传感器（图6.12）的工作原理恰好与此相反，对准气流的叶片系统受到风压的作用，产生一定的扭力矩使叶片系统旋转。通常螺旋桨式风速传感器通过一组三叶或四叶螺旋桨绕水平轴旋转来测量风速,螺旋桨一般装在一个风标的前部,使其旋转平面始终正对风的来向,它的转速与风速成正比。

(2)风杯式风速传感器

风杯式风速传感器,是一种十分常见的风速传感器,如图6.13所示。感应部分是由三个或四个圆锥形或半球形的空杯组成。空心杯壳固定在互成120°的三叉星形支架上或互成90°的十字形支架上,杯的凹面顺着一个方向排列,整个横臂架则固定在一根垂直的旋转轴上。

图6.12 螺旋桨式风速传感器

图6.13 风杯式风速传感器

当风从左方吹来时,风杯1与风向平行,风对风杯1的压力在垂直于风杯轴方向上的分力近似为零。风杯2与3同风向夹角为60°,对风杯2而言,其凹面迎着风,承受的风压最大;风杯3其凸面迎风,风的绕流作用使其所受风压比风杯2小,由于风杯2与风杯3在垂直于风杯轴方向上的压力差,而使风杯开始沿顺时针方向旋转,风速越大,起始的压力差越大,产生的加速度越大,风杯转动越快。

(3)热风式风速传感器

热风式风速传感器(图6.14)内部有一个加热元件,当气流经过传感器时,会带走加热元件的热量,从而降低加热元件的温度。传感器内部的温度传感器可以测量出这个温度变化,从而计算出气流速度。

(4)皮托管风速传感器

当气流经过传感器的孔口时,会在传感器内部产生一个静压和动压的差值,这个差值与气流速度成正比。皮托管风速传感器(图6.15)内部的压力传感器可以测量出这个差值,从而计算出气流速度。

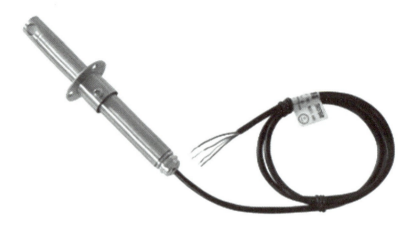

图 6.14 热风式风速传感器

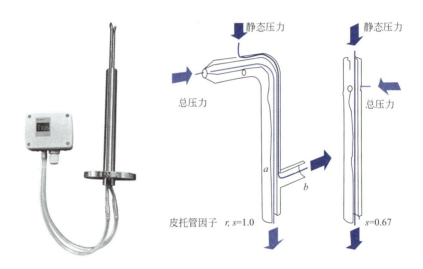

图 6.15 皮托管风速传感器原理

（5）超声波风速传感器

超声波风速传感器（图6.16）的工作原理是利用超声波时差法来实现风速的测量。由于声音在空气中的传播速度会和风向上的气流速度叠加。假如超声波的传播方向与风向相同，那么它的速度会加快；反之，若超声波的传播方向与风向相反，那么它的速度会变慢。所以，在固定的检测条件下，超声波在空气中传播的速度可以和风速函数对应。通过计算即可得到精确的风速和风向。

风向传感器和风速传感器虽然是两种完全独立的传感器，但大多数情况下，这两种传感器是整合在同一测量设备中，通过综合处理数据信息，共同发挥作用的。

2. 安装接线

在模块二详细叙述了风速传感器在塔机上的接线，温习之前的知识，有助于知识内化。

3. 风向传感器

风向传感器为前端装有辅助风标板的单板式风向标，由风标板、风标杆、平衡砣组

模块六 环境监测系统

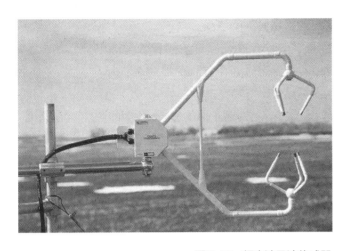

图 6.16 超声波风速传感器

件、垂直轴等部分组成（图6.17）。风标板感应风压，平衡砣组件的尖端指示风向；垂直轴为旋转轴，通过它带动格雷码盘转动。风向标要求前后重量平衡，风标板和辅助风标板与旋转轴线在同一垂直平面内，指北杆与指北线在同一方向上。

风向传感器安装时应选择合适的安装位置，如平坦、开阔的地点，避免建筑物、树木等障碍物的影响。传感器应至少离地面1.5倍于最近的屏障（如墙壁、树木等）的高度。确保风向传感器与地面垂直方向安装，风向传感器上有定南点，使用前应参照随产品附带的指南针，将风向传感器的指南方向与地理南方保持一致。

图 6.17 风向传感器

6.2.5 温湿度传感器

温度是度量物体冷热程度的物理量，是国际单位制中7个基本物理量之一。在生产和科学研究中，许多物理现象和化学过程都是在一定的温度下进行的，人们的生活也和它密切相关。温度的常用单位有摄氏度（℃）、华氏度（℉）和开尔文（K）。在科学领域，开尔文是国际单位制中温度的标准单位。

温湿度传感器

湿度通常以相对湿度（RH）来表示，这是一个百分比，表示空气中的水蒸气含量与该温度下饱和水蒸气含量的比例。例如，当相对湿度为50%时，意味着空气中含有达到饱和一半的水蒸气。在物理量的导出上相对湿度与温度有着密切的关系。一定体积的密闭气体，其温度越高相对湿度越低，温度越低相对湿度越高。

温湿度传感器是指能将温度量和湿度量转换成容易被测量处理的电信号的设备或装置。市场上的温湿度传感器一般测量的是温度量和相对湿度量。

1. 温度传感器

温度是施工现场最重要的气候因素之一，对施工质量有着直接的影响。在高温条件下，施工过程中会涉及混凝土的浇筑、沥青铺设等环节。高温会加快水泥和沥青材料的凝固速度，导致材料的硬化不均匀，从而引发裂缝和变形等问题。因此，在施工过程中需要采取措施，如增加养护时间、降低材料温度等，以保证施工质量的稳定和可靠。

（1）温度传感器按是否直接与被测物体接触分类

1）接触式温度传感器

接触式温度传感器的检测部分与被测对象有良好的接触，通过传导或对流达到热平衡，从而使温度传感器的示值能直接表示被测对象的温度。在一定的测温范围内，温度传感器也可测量物体内部的温度分布。但对于运动体、小目标或热容量很小的对象测量时则会产生较大的测量误差。常用的接触式温度传感器有双金属温度计、玻璃液体温度计、压力式温度计、电阻温度计、热敏电阻和温差电偶等。它们广泛应用于工业、农业、商业等领域。在日常生活中人们也常常使用这些接触式温度传感器。

2）非接触式温度传感器

非接触式温度传感器（图6.18）的敏感元件与被测对象互不接触。这种传感器可用来测量运动物体、小目标和热容量小或温度变化迅速（瞬变）对象的表面温度，也可用于测量温度场的温度分布。

生产中往往需要利用辐射测温法来测量或控制某些物体的表面温度，如冶金中的钢带轧制温度、轧辊温度、锻件温度和各种熔融金属在冶炼炉或坩埚中的温度。

图6.18 非接触式温度传感器

非接触测温优点：测量上限不受感温元件耐温程度的限制，因而对最高可测温度原则上没有限制。对于1800℃以上的高温，主要采用非接触测温方法。随着红外技术的发展，辐射测温逐渐由可见光向红外线扩展，700℃以下到常温都可采用这种方法，且分辨率很高。

（2）按工作原理分类

1）金属膨胀原理设计的传感器

金属在环境温度变化后会产生一个相应的延伸，因此传感器可以以不同方式对这种变化进行信号转换。

2）双金属片式传感器

双金属片由两片不同膨胀系数的金属贴在一起组成，随着温度变化，材料A比另外一种金属膨胀程度要高，引起金属片弯曲。弯曲的曲率可以转换成一个输出信号。

3）双金属杆和金属管传感器

随着温度升高，金属管（材料A）长度增加，而不膨胀钢杆（金属B）的长度并不增加，这样由于位置的改变，金属管的线性膨胀就可以进行传递。反过来，这种线性膨胀可以转换成一个输出信号。

4）液体和气体的变形曲线设计的传感器

在温度变化时，液体和气体同样会相应产生体积的变化。

多种类型的结构可以把这种膨胀的变化转换成位置的变化，这样产生位置的变化输出（电位计、感应偏差、挡流板等）。

5）热敏电阻温度传感器

热敏电阻是用半导体材料制成，热敏电阻的温度系数大多为负数，即阻值随温度增加而降低。温度变化会造成大的阻值改变，因此它是最灵敏的温度传感器。但热敏电阻的电阻值与温度的线性度极差，并且与生产工艺有很大关系，制造商无法给出标准化的热敏电阻曲线。热敏电阻体积非常小，对温度变化的响应也快。但热敏电阻需要使用电流源，小尺寸也使它对自热误差极为敏感。热敏电阻在两条线上测量的是绝对温度，有较好的精度，但它比热偶贵，可测温度范围也小于热偶，非常适合需要进行快速和灵敏温度测量的电流控制应用。

热敏电阻还有其自身的测量技巧。热敏电阻体积小是优点，它能很快稳定，不会造成热负载，不过也因此很不结实，大电流会造成自热。由于热敏电阻是一种电阻性器件，任何电流源都会在其上因功率而造成发热，因此要使用小的电流源。如果热敏电阻暴露在高热中，将导致其永久性的损坏。

2. 湿度传感器

湿度是指空气中水蒸气含量的多少，对施工质量同样有着重要的影响。在湿度较低的情况下，施工现场面临着混凝土枯水问题。混凝土中的水分会被空气吸收，导致建筑材料的强度下降和开裂现象。为了避免这种情况的发生，施工现场应该加强对混凝土的覆盖保护，控制湿度的影响。

湿度传感器的湿敏元件分为电阻式和电容式两种。

湿敏电阻的特点是在基片上覆盖一层用感湿材料制成的膜，当空气中的水蒸气吸附在感湿膜上时，元件的电阻率和电阻值都发生变化，利用这一特性即可测量湿度。

湿敏电容一般是用高分子薄膜电容制成的，常用的高分子材料有聚苯乙烯、聚酰亚胺、醋酸纤维等。当环境湿度发生改变时，湿敏电容的介电常数发生变化，使其电容量也发生变化，其电容变化量与相对湿度成正比。

3. 安装接线

常见的温湿度传感器使用四线接线方式，如图6.19所示。

随着传感器技术的进步，人们把多种传感器结合起来，创造出具有多种功能的传感器。例如，可以同时监测温湿度和气压的多功能传感器，如图6.20所示。

输出信号	线颜色	功能
4~20mA	红色	电源正
	黑色	电源负
	透明	屏蔽线
	蓝色	信号正4~20mA+
	橙色	信号负4~20mA-

图6.19 温湿度传感器接线方法

图6.20 温湿压三合一传感器

4. 阈值设置

我们已经知道温湿度对施工质量有着直接的影响，例如：混凝土和砂浆的施工温度需要控制在一定范围内；油漆施工的适宜温度一般为10～35℃，温度过低会减慢干燥速度，容易滴流，温度过高则会快速干燥，影响施工质量；玻璃幕墙施工的适宜温度范围为5～30℃，温度过低会影响密封胶的粘结效果，温度过高则可能导致玻璃膨胀过大，出现开裂现象。

此外，高温天气会导致施工人员疲劳、乏力，甚至中暑，影响工作效率。用人单位应当根据地市级以上气象主管部门所属气象台当日发布的预报气温，按照《防暑降温措施管理办法》要求，调整作业时间：

（1）日最高气温达到40℃以上，应当停止当日室外露天作业。

（2）日最高气温达到37℃以上、40℃以下时，用人单位全天安排劳动者室外露天作业时间累计不得超过6小时，连续作业时间不得超过国家规定，且在气温最高时段3小时内不得安排室外露天作业。

（3）日最高气温达到35℃以上、37℃以下时，用人单位应当采取换班轮休等方式，缩短劳动者连续作业时间，并且不得安排室外露天作业劳动者加班。

6.3　环境监测系统的组成

　　智能建造现场环境监测系统应设置包括扬尘监测、噪声监测、温湿度监测、风向/风力监测功能的小气候气象监测站，监测站应具备连续实时的自动监测、本地显示、在线传输、离线传输等功能，如图6.21所示。系统能够提供数据统计、分析、查询功能，可实现小气候气象监测站超标判断报警、设备故障报警，支持现场声光报警与远程报警两种方式，并支持使用移动终端实时查看小气候气象监测站的测量数据。

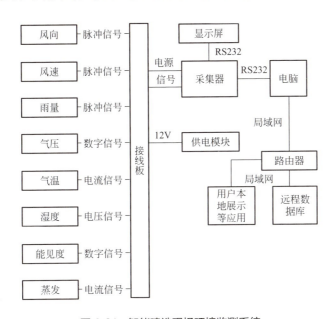

图6.21　智能建造现场环境监测系统

【综合考核】

环境监测传感器已广泛应用于智能家居中。请利用互联网及图书馆纸质资料，制作智能家居传感器的研究汇报PPT。

分组：班级同学分组，4~5人为一组。

任务：研究汇报PPT应包含但不限于包括这些问题：（1）什么是智能家居？（2）有哪些传感器应用于智能家居中？（3）如何选择应用于智能家居的传感器？（4）目前智能家居传感网络还可以在哪些方面进行扩展？

成果：制作不少于10页的PPT，要求图文并茂。

模块七　空调自动监控系统

【任务背景】

建筑能耗是世界上公认的三大能耗之一,而空调系统的能耗约占建筑能耗的一半以上。2012年,国务院印发了《节能减排"十二五"规划》(国发〔2012〕40号),通过科技创新等技术手段,降低建筑、交通运输、公共机构等重点领域能耗增幅;2020年,中国又提出"双碳"计划,提出要利用人工智能等技术,进一步推广节能技术的开发、推广和应用。在智能建筑中,空调自动监控系统通过多种传感器、监测设备和控制器,实时监测室内温度、湿度、空气质量等参数,根据预设的算法和策略,自动调整空调系统的运行状态,以达到最佳的舒适度和能效。通过传感器实时监测室内各项环境参数,并将数据采集并传输到中央控制系统中,通过对这些数据进行分析和处理,系统可以准确了解室内环境的变化趋势,为后续的调控提供依据。基于大数据分析和人工智能算法,空调自动监控系统可以自动调整空调系统的运行参数,如温度设定、风速调节等,以实现舒适度和能效的最佳平衡。系统可以根据不同时间段、不同区域的需求,灵活调整空调系统的运行策略,进一步降低能耗并延长设备寿命。空调自动监控系统通过实时监测和智能调控,可以实现精确控制室内温度、湿度和空气质量等参数。它可以根据实际需求自动调整空调系统的运行状态,确保建筑内的舒适度始终在用户满意的范围内,提供宜人的室内环境。空调系统是大型公共建筑的主要能耗设备之一,因此,提高其能效对于降低建筑的运行成本非常重要。空调自动监控系统通过智能化调控和优化运行,可以降低能耗并提升能效。它可以根据室内外环境、建筑负荷等因素,自动调整空调系统的运行状态,最大限度地减少不必要的能耗。

【任务导入】

空调自动监控系统是集传感器技术、自动控制技术和物联网技术等于一体的综合性管理系统,能够实时监测室内温度、湿度、空气质量等参数,并根据设定的要求对空调设备进行控制的系统。实现空调系统调节的自动化,不仅可以提高调节质量,降低冷、热量的消耗,节约能耗,同时可以减轻劳动强度,减少运行人员,提高劳动生产率和技术管理水平。空调自动监控系统中有哪些传感器?它们的作用是什么呢?

7.1 空调自动监控系统

空调监控系统及传感器

7.1.1 空调自动监控系统的组成

空调自动监控系统包括对空调机组、新风机组、变风量末端风机盘管进行的监控，是节能、节电的关键。对空调设备进行全面管理和监控，可以实现智能建筑内的温度调节、湿度调节、通风气流速度调节以及空气洁净度调节，营造良好的工作环境。

空调自动监控系统主要由传感器、控制器、执行器、通信网络和人机界面等部分组成。传感器负责监测室内外空气状态以及空调系统的运行状态，包括温度传感器、湿度传感器、压力传感器、压差开关、流量开关、防冻开关等。控制器根据传感器采集的数据，通过预先设定的控制算法对空调系统的运行进行控制，是空调自控系统的核心。执行器作为控制器与空调系统之间的接口设备，根据控制器的指令来控制空调系统的各个部件，如制冷压缩机、冷却风扇、空气循环器等。通信网络为了实现各个部件之间的信息传递和控制，空调自控系统需要建立一个可靠的通信网络即物联网，将各个部件连接在一起进行整体工作。为了方便用户操作和维护，空调自控系统还需要提供一个人机交互界面，用于显示系统运行状态、设定控制参数等。

7.1.2 空调自动监控系统的架构

空调自动监控系统由现场设备层，网络控制层和上位管理层三个部分组成。现场设备层主要负责数据采集，包括各类仪表、传感器、执行机构等设备，它们构成数据采集终端，通过具有高可靠性的物联网向数据中心上传采集的数据。这些设备是空调自动监控系统的最底层，直接与空调设备和环境交互，收集实时的环境数据和设备状态信息。网络控制层是数据信息交换的桥梁，负责收集、分类和传送现场设备回送的数据信息，同时转达上位机对现场设备的各种控制命令。通信方式可以是有线或者无线，有线通信主要采用屏蔽双绞线，以RS485接口和Modbus通信协议实现现场设备与上位机的实时通信；无线通信主要通过LoRa、ZigBee等低功耗局域无线网络实现现场设备与上位机的实时通信。上位管理层是系统的最上层部分，是人机交互的直接窗口。它由系统软件和必要的硬件设备组成，如工业级计算机、打印机、UPS电源等。上位管理系统软件具有良好的人机交互界面，对采集的现场各类数据信息进行计算、分析与处理，并以图形、数显、声音等方式反映现场的运行状况。通过这三个部分的协同工作，空调自动监控系统能够实现高效的能源管理、故障预警和维护提醒等功能，从而提高空调系统的运行效率和用户舒适度。

7.2 空调自动监控系统常用传感器

7.2.1 温度传感器

温度传感器（Temperature Transducer）是指能感受温度的变化并转换成可用输出信号的传感器。温度传感器是温度测量仪表的核心部分，品种繁多。温度传感器对于环境温度的测量非常准确，广泛应用于农业、工业等领域。

挑选温度传感器注意事项：
① 被测对象的环境条件对测温元件是否有损害。
② 被测对象的温度是否需记录、报警和自动控制，是否需要远距离测量和传送。
③ 在被测对象温度随时间变化的场合，测温元件的滞后能否适应测温要求。
④ 测温范围的大小和精度要求。
⑤ 测温元件大小是否适当。
⑥ 价格如何，使用是否方便。

温度传感器按测量方式，可分为接触式和非接触式两大类；按照传感器材料及电子元件特性，分为热电阻和热电偶两类；按照温度传感器输出信号的模式，可大致划分为数字式、逻辑输出、模拟式三大类。

1. 接触式温度传感器

接触式温度传感器的检测部分与被测对象有良好的接触，又称温度计。

温度计通过传导或对流达到热平衡，从而使温度计的示值能直接表示被测对象的温度，一般测量精度较高。在一定的测温范围内，温度计也可测量物体内部的温度分布。但对于运动体、小目标或热容量很小的对象则会产生较大的测量误差，常用的温度计有双金属温度计、玻璃液体温度计、压力式温度计、电阻温度计、热敏电阻和温差电偶等。它们广泛应用于工业、农业、商业等领域。在日常生活中人们也常常使用这些温度计。随着低温技术在国防工程、空间技术、冶金、电子、食品、医药和石油化工等部门的广泛应用和超导技术的研究，测量120K以下温度的低温温度计得到了发展，如低温气体温度计、蒸汽压温度计、声学温度计、顺磁盐温度计、量子温度计、低温热电阻和低温温差电偶等。低温温度计要求感温元件体积小、准确度高、复现性和稳定性好。利用多孔高硅氧玻璃渗碳烧结而成的渗碳玻璃热电阻就是低温温度计的一种感温元件，可用于测量1.6～300K范围内的温度。

2. 非接触式温度传感器

它的敏感元件与被测对象互不接触，又称非接触式测温仪表。这种仪表可用来测量运动物体、小目标和热容量小或温度变化迅速（瞬变）对象的表面温度，也可用于测量温度场的温度分布。

最常用的非接触式测温仪表基于黑体辐射的基本定律，称为辐射测温仪表。辐射测温法包括亮度法（光学高温计）、辐射法（辐射高温计）和比色法（比色温度计）。各类辐射测温方法只能测出对应的光度温度、辐射温度或比色温度。只有对黑体（吸收全部辐射并不反射光的物体）所测温度才是真实温度。如欲测定物体的真实温度，则必须进行材料表面发射率的修正。而材料表面发射率不仅取决于温度和波长，而且还与表面状态、涂膜和微观组织等有关，因此很难精确测量。在自动化生产中往往需要利用辐射测温法来测量或控制某些物体的表面温度，如冶金中的钢带轧制温度、轧辊温度、锻件温度和各种熔融金属在冶炼炉或坩埚中的温度。在这些具体情况下，物体表面发射率的测量是相当困难的。对于固体表面温度自动测量和控制，可以采用附加的反射镜使其与被测表面一起组成黑体空腔。附加辐射的影响能提高被测表面的有效辐射和有效发射系数。利用有效发射系数通过仪表对实测温度进行相应的修正，最终可得到被测表面的真实温度。最为典型的附加反射镜是半球反射镜。至于气体和液体介质真实温度的辐射测量，则可以用插入耐热材料管至一定深度以形成黑体空腔的方法。通过计算求出与介质达到热平衡后的圆筒空腔的有效发射系数。在自动测量和控制中就可以用此值对所测腔底温度（即介质温度）进行修正而得到介质的真实温度。

非接触测温优点：测量上限不受感温元件耐温程度的限制，因而对最高可测温度原则上没有限制。对于1800℃以上的高温，主要采用非接触测温方法。随着红外技术的发展，辐射测温逐渐由可见光向红外线扩展，700℃以下直至常温都已采用这种方法，且分辨率很高。

3. 热电阻温度传感器

热电阻温度传感器是基于电阻的热效应进行温度测量的，即利用导体或半导体的电阻值随温度的变化而变化的原理进行测温的传感器。因此，只要测量出热电阻的电阻值变化，就可以测量出温度。温度变化会造成大的电阻值改变，因此它是最灵敏的温度传感器。目前主要有金属热电阻和半导体热敏电阻两类。

（1）金属热电阻

金属热电阻测温是基于金属导体的电阻值随温度的增加而增加这一特性来进行温度测量的。它的主要特点是测量精度高，性能稳定。

金属热电阻的材料应具有以下特性：

① 电阻温度系数要大而且稳定，电阻值与温度之间应具有良好的线性关系。
② 电阻率高，热容量小，反应速度快。
③ 材料的复现性和工艺性好，价格低。
④ 在测温范围内化学物理特性稳定。

金属热电阻的电阻值和温度一般可以用以下的近似关系式表示，即

$$R_t = R_{t_0}[1+\alpha(t-t_0)] \tag{7.1}$$

式中，R_t——温度t时的阻值；

R_{t_0}——温度t_0（通常$t_0=0℃$）时对应电阻值；

α——温度系数。

金属热电阻一般适用于-200～500℃范围内的温度测量，其特点是测量准确、稳定性好、性能可靠，在过程控制中的应用极其广泛。目前应用最广泛的热电阻材料是铂和铜。

铂电阻精度高,适用于中性和氧化性介质,稳定性好,具有一定的非线性,温度越高电阻变化率越小;铜电阻在测温范围内电阻值和温度呈线性关系,温度系数大,适用于无腐蚀介质,超过150℃易被氧化。中国最常用的铂电阻有 $R_0=10\Omega$、$R_0=100\Omega$ 和 $R_0=1000\Omega$ 等几种,它们的分度号分别为 Pt10、Pt100 和 Pt1000;铜电阻有 $R_0=50\Omega$ 和 $R_0=100\Omega$ 两种,它们的分度号为 Cu50 和 Cu100。其中 Pt100 和 Cu50 的应用最为广泛,Pt100 分度见表 7.1。下面就以铂电阻为例介绍金属热电阻的特性。

Pt100 分度表　　　　　　　　　　　　　　　表 7.1

温度 (℃)	0	1	2	3	4	5	6	7	8	9
	电阻值（Ω）									
−200	18.52									
−190	22.83	22.40	21.97	21.54	21.11	20.68	20.25	19.82	19.38	18.95
−180	27.10	26.67	26.24	25.82	25.39	24.97	24.54	24.11	23.68	23.25
−170	31.34	30.91	30.49	30.07	29.64	29.22	28.80	28.37	27.95	27.52
−160	35.54	35.12	34.70	34.28	33.86	33.44	33.02	32.60	32.18	31.76
−150	39.72	39.31	38.89	38.47	38.05	37.64	37.22	36.80	36.38	35.96

通常使用的铂电阻在 0℃ 时阻值为 100Ω,电阻变化率为 0.3851Ω/℃。铂电阻精度高,稳定性好,应用温度范围广,是中低温区（−200～650℃）最常用的一种温度检测器,不仅广泛应用于工业测温,而且被制成各种标准温度计（涵盖国家和世界基准温度）供计量和校准使用。

铂电阻的接线方式有两线制、三线制、四线制。

两线制铂电阻的电阻变化值与连接导线电阻值共同构成传感器的输出值,由于导线电阻带来的附加误差使实际测量值偏高,因此仅用于测量精度要求不高的场合,并且导线的长度不宜过长（图7.1）。

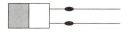

图 7.1　两线制铂电阻

三线制铂电阻要求引出的三根导线截面面积和长度均相同,测量铂电阻的电路一般是不平衡电桥,铂电阻作为电桥的一个桥臂电阻,将一根导线接到电桥的电源端,其余两根分别接到铂电阻所在的桥臂及与其相邻的桥臂上,当桥路平衡时,通过计算可知,$R_t=R_1\times R_3/R_2+R_1\times r/R_2-r$,当 $R_1=R_2$ 时,导线电阻的变化对测量结果没有任何影响,这样就消除了导线电阻带来的测量误差,但是必须为全等臂电桥,否则不可能完全消除导线电阻的影响,但分析可见,采用三线制会大大减小导线电阻带来的附加误差,工业上一般都采用三线制接法（图7.2 和图7.3）。

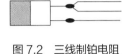

图 7.2 三线制铂电阻

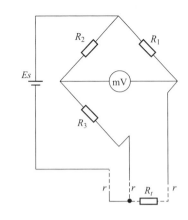

图 7.3 三线制铂电阻测量电桥

四线制铂电阻。当测量电阻数值很小时，测试线的电阻可能引入明显误差，四线测量用两条附加测试线提供恒定电流，另两条测试线测量未知电阻的电压降，在电压表输入阻抗足够高的条件下，电流几乎不流过电压表，这样就可以精确测量未知电阻上的压降，通过计算得出电阻值（图 7.4 和图 7.5）。

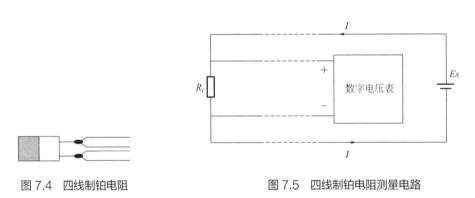

图 7.4 四线制铂电阻　　　　　图 7.5 四线制铂电阻测量电路

为了保护温度传感器感温元件，铂电阻在使用时会在外面套上保护管，不使其与被测介质直接接触，避免或减少有害介质的侵蚀，火焰和气流的冲刷和辐射，以及机械损伤，同时还起着固定和支撑传感器感温元件的作用。

铂电阻温度传感器的测量结构有两种，一是装配式铂电阻，二是铠装铂电阻。

① 装配式铂电阻

装配式铂电阻由外保护管、延长导线、测温电阻、氧化铝装配而成，产品结构简单，适用范围广，成本较低，绝大部分测温场合使用的产品均属装配式，其结构如图 7.6 ~ 图 7.8 所示。

② 铠装铂电阻

铠装铂电阻由电阻体、引线、绝缘氧化镁及保护套管整体拉制而成，顶部焊接铂电阻，产品结构复杂，价格较高，比普通装配式铂电阻的响应速度更快，抗振性能更好，测温范围更宽，并且长度方向可以弯曲，适用于刚性保护管不能插入或需要弯曲测量的部位测温，但必须注意的是由于顶部是测温元件所在位置，所以其端部 30mm 的长度是不得弯曲的，其结构如图7.9～图7.11所示。

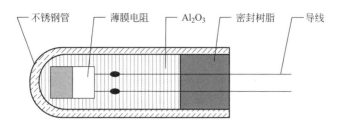

图 7.6　二线制装配式铂电阻

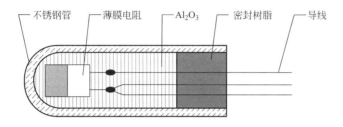

图 7.7　三线制装配式铂电阻

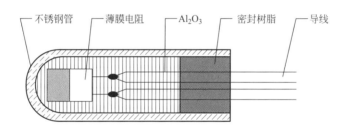

图 7.8　四线制装配式铂电阻

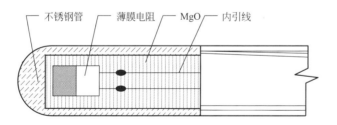

图 7.9　二线制铠装铂电阻

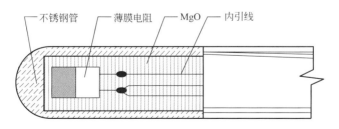

图 7.10　三线制铠装铂电阻

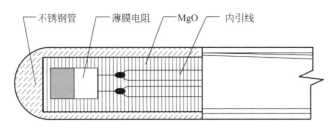

图 7.11 四线制铠装铂电阻

温度传感器的选型：确定温度传感器类型、实际使用温度范围、精度、尺寸及安装固定方式等。如无特别约定，所有铂电阻温度传感器的头部5mm长度为温度测量端。

常用温度传感器类型如图7.12所示。

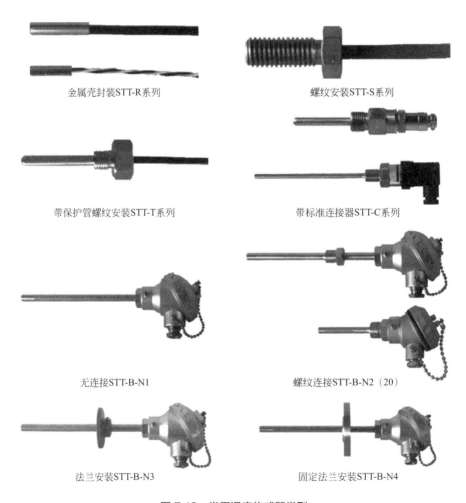

图 7.12 常用温度传感器类型

（2）热敏电阻

热敏电阻是用半导体材料制成的，其电阻值随着温度的变化而改变。按照温度系数不同分为正温度系数（PTC）热敏电阻和负温度系数（NTC）热敏电阻。正温度系数热敏电阻的电阻值随温度的升高而增大，负温度系数热敏电阻的电阻值随温度的升高而减小，它们同属于半导体器件。热敏电阻大多为负温度系数，即阻值随温度升高而降低。

空调自动监控系统为了实现智能调控，采用很多负温度系数热敏电阻作为传感器，安装在空调器的各个部位。负温度系数热敏电阻又称NTC热敏电阻，是一类电阻值随温度增大而减小的一种传感器电阻。广泛用于各种电子元件中，如温度传感器、可复式保险丝及自动调节的加热器等。

1）负温度系数热敏电阻发展

NTC热敏电阻的发展经历了漫长的阶段。1834年，科学家首次发现了硫化银有负温度系数的特性。1930年，科学家发现氧化亚铜、氧化铜也具有负温度系数的性能，并将其成功地运用在航空仪器的温度补偿电路中。随后，由于晶体管技术的不断发展，热敏电阻的研究取得重大进展。1960年研制出了NTC热敏电阻。

2）负温度系数热敏电阻测温范围

它的测量范围一般为-10～+300℃，也可做到-200～+10℃，甚至可用于+300～+1200℃环境中。负温度系数热敏电阻器温度计的精度可以达到0.1℃，感温时间可短至10s以下。它不仅适用于粮仓测温，同时也可应用于食品储存、医药卫生、科学种田、海洋、深井、高空、冰川等方面的温度测量。

3）负温度系数热敏电阻工作原理

NTC是Negative Temperature Coefficient的缩写，意思是负的温度系数，泛指负温度系数很大的半导体材料或元器件，所谓NTC热敏电阻就是负温度系数热敏电阻器。它是以锰、钴、镍和铜等金属的氧化物为主要材料，采用陶瓷工艺制造而成的。这些金属氧化物材料都具有半导体性质，因为在导电方式上完全类似锗、硅等半导体材料。温度低时，这些氧化物材料的载流子（电子和空穴）数目少，所以其电阻值较高；随着温度的升高，载流子数目增加，所以电阻值降低（图7.13）。NTC热敏电阻器在室温下的变化范围在100～1000000Ω，温度系数-2%～-6.5%。NTC热敏电阻器可广泛用于测温、控温、温度补偿等方面。

4）负温度系数热敏电阻构成

NTC泛指随温度上升电阻呈指数关系减小的现象（图7.13）及具有负温度系数的热敏电阻现象和材料。利用锰、铜、钴、铁、镍、锌等金属的氧化物，使两种或两种以上的金属氧化物经过充分混合、成型、烧结等工艺而制成的半导体陶瓷，这种材料可制成具有负温度系数的热敏电阻。其电阻率和材料常数随材料成分比例、烧结气压、烧结温度和结构状态不同而变化。还出现了以碳化硅、硒化锡、氮化钽等为代表的非氧化物系NTC热敏电阻材料。

NTC热敏半导瓷大多是尖晶石结构或其他结构的氧化物陶瓷，具有负的温度系数，电阻值可近似表示为：

$$R(T) = R(T_0) \times \exp[B(1/T - 1/T_0)] \tag{7.2}$$

式中，$R(T)$、$R(T_0)$——分别为温度T、T_0时的电阻值；

B——材料常数。

陶瓷晶粒本身由于温度变化而使电阻率发生变化，这是由半导体特性决定的。

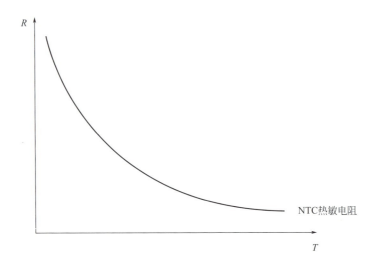

图 7.13　NTC 的阻值随温度变化的曲线

5）负温度系数热敏电阻分类

① 依据外形结构分为圆盘型、晶片型、玻封型、珠粒型、薄膜型、环型（表 7.2）。

负温度系数热敏电阻特性表　　　　　　　　　　表 7.2

外形结构	产品图片	产品特性
圆盘型		耐高电流 符合自动化高引脚强度
晶片型		标准 EIA 尺寸 无引脚类型 反应速度快 低电感量
玻封型		耐高温 引脚类型

续表

外形结构	产品图片	产品特性
珠粒型		小尺寸 反应速度快
薄膜型		贴片型结构
环型		垫圈无引脚结构 适合夹紧触点

② 依据安装位置，空调常用的NTC热敏电阻有室内环境温度NTC热敏电阻、室内盘管NTC热敏电阻、室外盘管NTC热敏电阻三种，此外还包括室外环境温度NTC热敏电阻、排气NTC热敏电阻和吸气NTC热敏电阻。

室内环境温度NTC热敏电阻作用：根据设定的工作状态，检测室内环境的温度自动开停机或变频。定频空调使室内温度温差变化范围为设定值±1℃，即若制冷设定24℃时，当温度降低到23℃时压缩机停机，当温度回升到25℃时压缩机工作；若制热设定24℃时，当温度升到25℃时压缩机停机，当温度回落到23℃时压缩机工作。值得说明的是温度的设定范围一般为15~30℃，因此低于15℃的环境温度下制冷不工作，高于30℃的环境温度下制热不工作。变频空调根据设定的工作温度和室内温度差值进行变频调速，差值越大压缩机工作频率越高，因此压缩机启动以后转速很快提升。

室内盘管NTC热敏电阻作用：包括室内盘管制冷过冷（低于+3℃）保护检测、制冷缺氟检测、制热防冷风吹出、过热保护检测。空调制冷30分钟自动检查室内盘管温度，若降温达不到20℃则自动诊断为缺氟而保护，若因某些原因室内盘管温度降到+3℃以下为防结霜也停机（过冷）；制热时室内盘管温度低于32℃内风机不吹风（防冷风），高于52℃外风机停转，高于58℃压缩机停转（过热），有的空调制热自动控制内风机风速，有的空调自动切换电辅热，变频空调转速等。

室外盘管NTC热敏电阻作用：制热化霜温度检测，制冷冷凝温度检测。制热化霜是热泵机的一个重要功能，第一次化霜为CPU定时（一般在50分钟），以后化霜则由室外盘管NTC热敏电阻控制（一般为-11℃要化霜，+9℃则制热）。制冷冷凝温度达68℃停压缩机，代替高压压力开关的作用，变频制冷则降频阻止盘管继续升温。

室外环境温度NTC热敏电阻：控制室外风机的转速、冬季预热压缩机等。

排气NTC热敏电阻：使变频机降频，避免外机过热，缺氟检测等。

吸气NTC热敏电阻：控制制冷剂流量，由步进电机控制节流阀实现。

6）故障分析

室内外盘管NTC热敏电阻损坏率最高，故障现象也各式各样。室内外盘管NTC热敏电阻由于位处温度不断变化及结霜或高温的环境，所以损坏率比较高。主要表现在电源正常而整机不工作、工作后短时间停机、制热时外机正常内风机不运转、外风机不工作或异常停机、压缩机不启动、变频效果差、变频不工作、制热不化霜等。化霜故障可替换室外盘管NTC热敏电阻或室外化霜板。在电源正常而空调不工作时也要检查室内环境温度NTC热敏电阻。空调工作不停机或达不到设定温度停机，也要先查室内环境温度NTC热敏电阻，变频空调工作不正常也会和它有关。因室内环境温度NTC热敏电阻若出现故障会使得CPU错误地判断室内环境温度而引起误动作。

此外，以下情况会导致系统运行出现故障。

① 室内环境温度传感器阻值变大，引起空调启动频繁。

② 室内盘管温度传感器阻值变小，引起启动不久整机保护。

③ 室内环境温度、盘管温度感温性能改变，引起空调工作失常。

④ 室内盘管温度变值为0Ω，致使整机遥控开机无反应。

⑤ 空调出现故障，除了要检测满足CPU工作的+5V电源、复位时钟振荡外，还要测电源、电压、启动运行电流是否正常，对传感器的检测也十分重要。

一般情况下，空调自动监控系统可以按照测点处可能出现温度范围的1.2～1.5倍来选择传感器的测量范围，传感器的测量精度除了必须高于工艺要求的控制和测量精度外，还应和二次仪表的精度相匹配。温度传感器根据使用位置可以分为风管型、水管型、室外型及室内型。测量温度时，温度传感器都应当完全浸在被测气体或液体中，并且希望通过传感器的气体流速大于2m/s，液体流速大于0.3m/s，以期迅速达到热平衡。室内温度传感器不应安装在阳光直射的地方，应远离室内冷热源，远离门窗等直接通风的位置，如无法避免则与之距离不应小于2m。室外温度传感器应有防雨、遮阳等措施，远离风口、过道。水管型温度传感器感温段宜大于管道直径的1/2，应安装在管道的顶部，不宜安装在阻力部件附近和水流流束死角及振动较大的部位。温度传感器可选用RVV或RVVP2×1.0线缆接至现场DDC。

负温度系数热敏电阻最重要的性能是寿命。长寿命NTC热敏电阻，是对NTC热敏电阻认识的提升，强调电阻寿命的重要性。在经得起各种高精度、高灵敏度、高可靠性、超高温、高压力考验后，它仍能很长时间稳定工作。寿命是NTC热敏电阻的一个重要性能，与精度、灵敏度等其他参数存在辩证关系。一个NTC热敏电阻产品，必须首先拥有长寿命，才能保证其他性能的发挥；而其他性能的优秀，依赖于生产工艺达到一定技术水平，这让NTC的长寿命变成可能。很多高科技电子产品，在超高温、超高压及其他恶劣条件下，需要热敏电阻发挥稳定的控温、测温功能，多数厂家一味追求NTC热敏电阻的精度、灵敏度、漂移值等常规性能的稳定发挥，忽视了电阻的寿命，导致因NTC热敏电阻无法长时间工作而影响电子产品的使用。如此一来，所有的精度、灵敏度、耐高温等性能，都变得没有意义。

4. 热电偶温度传感器

热电偶温度传感器是温度测量中最常用的温度传感器。其工作原理是，当有两种不同的导体或半导体A和B组成一个回路，其两端相互连接时，只要两结点处的温度不同，一端温度为T，称为工作端或热端，另一端温度为T_0，称为自由端或冷端，则回路中就有电流产生，回路中存在的电动势称为热电动势。这种由于温度不同而产生电动势的现象称为塞贝克效应。与塞贝克有关的效应有两个：其一，当有电流流过两个不同导体的连接处时，此处便吸收或放出热量（取决于电流的方向），称为珀尔帖效应；其二，当有电流流过存在温度梯度的导体时，导体吸收或放出热量（取决于电流相对于温度梯度的方向），称为汤姆逊效应。两种不同导体或半导体的组合称为热电偶。其主要优点是宽温度范围和适应各种大气环境，而且结实、价低、无需供电，也最便宜。热电偶温度传感器是最简单和最通用的温度传感器，但并不适合高精度的测量和应用。

热电偶温度传感器在安装和使用时，应当避免以下误差的出现，保证最佳测量效果。

（1）安装不当引起的误差

如安装的位置及插入深度不能反映炉膛的真实温度等，换句话说，热电偶温度传感器不应装在太靠近门和加热的地方，插入的深度至少应为保护管直径的8～10倍。

（2）热阻误差

高温时，如保护管上有一层煤灰、尘埃附在上面，则热阻增加，阻碍热的传导，这时温度示值比被测温度的真值低。因此，应保持热电偶温度传感器保护管外部的清洁，以减小误差。

（3）绝缘变差而引入的误差

如热电偶绝缘了，保护管和拉线板污垢或盐渣过多致使热电偶极间与炉壁间绝缘不良，这不仅会引起热电势的损耗而且还会引入干扰，这种情况在高温下更为严重，由此引起的误差有时可达上百摄氏度。

（4）热惰性引入的误差

由于热电偶的热惰性使仪表的指示值落后于被测温度的变化，在进行快速测量时这种影响尤为突出。所以应尽可能采用热电极较细、保护管直径较小的热电偶温度传感器进行测量。测温环境许可时，甚至可将保护管取下。由于存在测量滞后，用热电偶温度传感器检测出的温度波动的振幅较炉温波动的振幅小。测量滞后越大，热电偶波动的振幅就越小，与实际炉温的差别也就越大。

5. 数字式温度传感器

采用硅工艺生产的数字式温度传感器，其采用PTAT结构，这种半导体结构具有精确的、与温度相关的良好输出特性。

6. 逻辑输出温度传感器

在许多应用中，我们并不需要严格测量温度值，只关心温度是否超出了一个设定范围,一旦温度超出所规定的范围,则发出报警信号,启动或关闭风扇、空调、加热器或其他控制设备,此时可选用逻辑输出式温度传感器。

7. 模拟式温度传感器

热电偶、热敏电阻温度传感器对温度的监控,在一些温度范围内线性度不好,需要进行冷端补偿或引线补偿,并且热惯性大,响应时间长。模拟式温度传感器与之相比,具有灵敏度高、线性度好、响应速度快等优点,而且它还将驱动电路、信号处理电路以及必要的逻辑控制电路集成在单片IC上,有实际尺寸小、使用方便等优点。常见的模拟式温度传感器有LM3911、LM335、LM45、AD22103电压输出型和AD590电流输出型。

7.2.2 湿度传感器

湿度,表示空气干湿程度,即空气中所含水汽多少的物理量。在一定的温度下在一定体积的空气里含有的水汽越少,则空气越干燥;水汽越多,则空气越潮湿。人类的生存和社会活动与湿度密切相关。研究表明,空气湿度过大或过小时,都有利于一些细菌和病毒的繁殖和传播。科学测定,当空气湿度大于65%或小于40%时,病菌繁殖滋生最快,当相对湿度在45%～55%时,病菌死亡较快。现代医疗气象研究表明,对人体比较适宜的相对湿度为:夏季室温25℃时,相对湿度控制在40%～50%比较舒适;冬季室温20℃时,相对湿度控制在60%～70%比较舒适。

湿度可以用湿度传感器测量,湿度传感器是指将湿度转换为与其成一定比例关系的电量输出的器件式装置。湿敏元件是常用的湿度传感器,其主要分为电阻式与电容式两大类。其特点是在基片上覆盖一层用感湿材料制成的膜,当空气中的水蒸气吸附在感湿膜上时,元件的电阻率和电阻值都发生变化,利用这一特性即可测量湿度。湿敏元件主要分为两大类:水分子亲和力型湿敏元件和非水分子亲和力型湿敏元件。利用水分子有较大的偶极矩,易于附着并渗透入固体表面的特性制成的湿敏元件称为水分子亲和力型湿敏元件。例如,利用水分子附着或浸入某些物质后,其电气性能(电阻值、介电常数等)发生变化的特性可制成电阻式湿敏元件、电容式湿敏元件;利用水分子附着后引起材料长度变化,可制成尺寸变化式湿敏元件,如毛发湿度计;金属氧化物是离子型结合物质,有较强的吸水性能,不仅有物理吸附,而且有化学吸附,可制成金属氧化物湿敏元件,这类元件在应用时附着或浸入的水蒸气分子,与材料发生化学反应生成氢氧化物,或一经浸入就有一部分残留在元件上而难以全部脱出,重复使用时元件的特性不稳定,测量时有较大的滞后误差和较慢的反应速度。目前应用较多的均属于这类湿敏元件。另一类非水分子亲和力型湿敏元件利用其与水分子接触产生的物理效应来测量湿度。例如,利用热力学方法测量的热敏电阻式湿度传感器,利用水蒸气能吸收某波长段的红外线的特性制成的红外线吸收式湿度传感器等。

1. 电解质湿敏元件

利用潮解性盐类受潮后电阻发生变化制成的湿敏元件。最常用的电解质是氯化锂(LiCl)。氯化锂湿敏元件的工作原理是基于湿度变化能引起电介质离子导电状态的改变,使电阻值发生变化。结构形式有顿蒙式和含浸式。顿蒙式氯化锂湿敏元件是在聚苯乙烯圆筒上平行地绕上钯丝电极，然后把皂化聚乙烯醋酸酯与氯化锂水溶液混合液均匀地涂在圆筒表面上制成，测湿范围约为相对湿度30%。含浸式氯化锂湿敏元件是由天然树皮基板用氯化锂水溶液浸泡制成的。植物的髓脉具有细密的网状结构，有利于水分子的吸入和放出。20世纪70年代研制成功玻璃基板含浸式湿敏元件，采用两种不同浓度的氯化锂水溶液浸泡多孔无碱玻璃基板（平均孔径50nm），可制成测湿范围为相对湿度20%～80%的元件。

氯化锂元件具有滞后误差较小，不受测试环境的风速影响，不影响和破坏被测湿度环境等优点，但因其基本原理是利用潮解盐的湿敏特性，经反复吸湿、脱湿后，会引起电解质膜变形和性能变劣，尤其遇到高湿及结露环境时，会造成电解质潮解而流失，导致元件损坏。

2. 高分子材料湿敏元件

利用有机高分子材料的吸湿性能与膨润性能制成的湿敏元件。吸湿后，介电常数发生明显变化的高分子电介质，可做成电容式湿敏元件。吸湿后电阻值改变的高分子材料，可做成电阻式湿敏元件。常用的高分子材料是醋酸纤维素、尼龙和硝酸纤维素等。高分子湿敏元件的薄膜做得极薄，一般约500nm，使元件易于很快地吸湿与脱湿，减少了滞后误差，响应速度快。这种湿敏元件的缺点是不宜用于含有机溶媒气体的环境，元件也不能耐80℃以上的高温。

3. 金属氧化物膜湿敏元件

许多金属氧化物如氧化铝、四氧化三铁、钽氧化物等都有较强的吸脱水性能，将它们制成烧结薄膜或涂布薄膜可制作多种湿敏元件。把铝基片置于草酸、硫酸或铬酸电解槽中进行阳极氧化，形成氧化铝多孔薄膜，通过真空蒸发或溅射工艺，在薄膜上形成透气性电极。这种多孔质的氧化铝湿敏元件互换性好，低湿范围测湿的时间响应速度较快，滞后误差小，常用于高空气球上测湿。四氧化三铁胶体的优点是固有电阻低，长期置于大气环境表面状态不会变化，胶体粒子间相互吸引粘结紧密等。它是一种价廉物美，较早投入批量生产的湿敏元件，在湿度测量和湿度控制方面都有大量应用。

4. 金属氧化物陶瓷湿敏元件

将极其微细的金属氧化物颗粒在1300℃高温下烧结，可制成多孔体的金属氧化物陶瓷，在这种多孔体表面加上电极，引出接线端子就可做成陶瓷湿敏元件。湿敏元件使用时必须裸露于测试环境中，故油垢、尘土和有害于元件的物质（气、固体）都会使其物理吸附和化学吸附性能发生变化，引起元件特性变化。而金属氧化物陶瓷湿敏元件的陶瓷烧结体物理和化学状态稳定，可以用加热去污方法恢复元件的湿敏特性，而且烧结体的表面结构极大地扩展元件表面与水蒸气的接触面积，使水蒸气易于吸着和脱去，还可通过控制元件的细微构造使物理性吸附占主导地位，获得最佳的湿敏特性。因此陶瓷湿敏元件的使用寿命长、元件特性稳定，是目前最有可能成为工程应用的主要湿敏元件之一。陶瓷湿敏元件的使用温度为0～160℃。

在诸多的金属氧化物陶瓷材料中，由铬酸镁-二氧化钛固溶体组成的多孔性半导体陶瓷是性能较好的湿敏材料，它的表面电阻率能在很宽的范围内随着湿度的变化而变化，而且能在高温条件下进行反复的热清洗，性能仍保持不变。

5. 热敏电阻式湿度传感器

利用热敏电阻作湿敏元件。传感器中有组成桥式电路的珠状热敏电阻R1和R2，电源供给的电流使R1、R2保持在200℃左右的温度。其中R2装在密封的金属盒内，内部封装着干燥空气，R1置于与大气相接触的开孔金属盒内。将R1先置于干燥空气中，调节电桥平衡，使输出端A、B间电压为零，当R1接触待测含湿空气时，含湿空气与干燥空气产生热传导差，使R1冷却，电阻值增高，A、B间产生输出电压，其值与湿度变化有关。热敏电阻式湿敏传感器的输出电压与绝对湿度成比例，因而可用于测量大气的绝对湿度。传感器是利用湿度与大气导热率之间的关系作为测量原理的，当大气中混入其他特种气体或气压变化时，测量结果会有不同程度的影响。此外，热敏电阻的位置对测量结果也有很大影响。但这种传感器从可靠性、稳定性和不必特殊维护等方面来看很有特色，现已用于空调机湿度控制，或制成便携式绝对湿度表、直读式露点计、相对湿度计、水分计等设备。

6. 红外线吸收式湿度传感器

利用水蒸气能吸收某波段的红外线制成的湿度传感器。20世纪60年代中期，美国气象局以波长为1.37μm和1.25μm的红外光分别作敏感光束和参考光束，研制成红外线吸收式湿度传感器。这种传感器采用装有λ_0滤光片和λ滤光片的旋转滤光片，当光源通过旋转滤光片时，轮流地选择波长为λ_0和λ的红外光束，两条光束通过被测湿度的样品气体抵达光敏元件，由于波长为λ_0的光束不被水蒸气吸收，其光强仍为I_0，波长为λ的光束被水蒸气部分吸收，光强衰减为I（图7.14）。

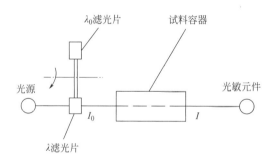

图7.14 红外线吸收式湿度传感器原理

采用朗伯-贝尔法测量：

$$\lg \frac{I_0}{I} = \varepsilon l c \tag{7.3}$$

式中，I_0——光源光强度；

I——光敏元件处的光强度；

ε——吸收系数；

c——待测含水蒸气的浓度；

l——光路长度。

根据光强度的变化，将光敏元件上的信号处理后可获得正比于水蒸气浓度c的电信号。红外线吸收式湿度传感器属非水分子亲和力型湿敏元件，测量精度和灵敏度较高，能够测量高温或密封场所的气体湿度，也能解决其他湿度传感器不能解决的大风速或通风孔道环境中的湿度测量问题。缺点是结构复杂，光路系统存在温度漂移现象。

7. 微波式湿度传感器

利用微波电介质共振系统的品质因数随湿度变化的机理制成的传感器。微波共振器采用氧化镁–氧化钙–二氧化钛陶瓷体，共振器与耦合环构成共振系统，含水蒸气的气体进入传感器腔体后改变原共振系统的品质因数，其微波损失量与湿度呈线性关系。这种传感器的测湿范围为相对湿度40%～95%，在温度0～50℃时，精度可达±2%。微波式湿度传感器具有非水分子亲和力型湿敏元件的优点，又由于采用陶瓷材料作共振系统，故可加热清洗，且坚固耐用。缺点是对微波电路稳定性要求甚高。

8. 超声波式湿度传感器

超声波在空气中的传播速度与温度、湿度有关，利用这一特性可制成超声波式湿度传感器。传感器由超声波气温计和铂丝电阻测温计组成，前者的测量数据与湿度有关，后者的测量数据只与温度有关，按照超声波在干燥空气和含湿空气中的传播速度可计算出空气的绝对湿度。超声波式湿度传感器有很多优点，它的测湿数据比较准确，响应速度快，可以测出某一极小范围的绝对湿度而不受辐射热的影响。这种传感器尚处于研制阶段。

9. 湿度测量传感器常见的几个测量方法

湿度测量技术来由已久。随着电子技术的发展，近代测量技术也有了飞速的发展。湿度测量从原理上划分二三十种之多。对湿度的表示方法有绝对湿度、相对湿度、露点、湿气与干气的比值（重量或体积）等。但湿度测量始终是世界计量领域中著名的难题之一。一个看似简单的量值，深究起来，涉及相当复杂的物理、化学理论分析和计算，初涉者可能会忽略在湿度测量中必须注意的许多因素，因而影响合理使用。

常见的湿度测量方法有：动态法（双压法、双温法、分流法），静态法（饱和盐法、硫酸法），露点法，干湿球法和形形色色的电子式传感器法。

这里双压法、双温法是基于热力学 P、V、T 平衡原理，平衡时间较长，分流法是基于绝对湿气和绝对干空气的精确混合。由于采用了现代测控手段，这些设备可以做得相当精密，却因设备复杂，昂贵，运作费时费工，主要作为标准计量之用，其测量精度可达±1.5%RH～±2%RH。

静态法中的饱和盐法，是湿度测量中最常见的方法，简单易行。但饱和盐法对液、气两相的平衡要求很严，该方法对环境温度的稳定要求较高，实际操作中要求等待很长时间去平衡湿度，低湿点要求更长。特别在室内湿度和瓶内湿度差值较大时，每次开启都需要平衡6～8h。

露点法是测量湿空气达到饱和时的温度，是热力学的直接结果，准确度高，测量范围宽。计量用的精密露点仪准确度可达±0.2℃甚至更高。但用现代光–电原理的冷镜式露点仪价格昂贵，常和标准湿度发生器配套使用。

干湿球法，这是18世纪就发明的测湿方法，历史悠久，使用最普遍。干湿球法是一种间接方法，它用干湿球方程换算出湿度值，而此方程是有条件的：即在湿球附近的风速必须达到2.5m/s以上。普通用的干湿球湿度计将此条件简化了，所以其准确度只有5%RH～7%RH，明显低于电子湿度传感器。

湿度的测量需要强调两点。第一，由于湿度是温度的函数，温度的变化决定性地影响着湿度的测量结果。无论哪种方法，精确地测量和控制温度是第一位的。须知即使是一个隔热良好的恒温恒湿箱，其工作室内的温度也存在一定的梯度。所以此空间内的湿度也难以完全均匀一致。第二，由于原理和方法差异较大，各种测量方法之间难以直接校准和认定，大多只能用间接办法比对。所以在两种测湿方法之间相互校对全湿程（相对湿度0～100%RH）的测量结果，或者要在所有温度范围内校准各点的测量结果，是十分困难的事。例如通风干湿球湿度计要求有规定风速的流动空气，而饱和盐法则要求严格密封，两者无法比对。最好的办法还是按国家对湿度计量器具检定系统（标准）规定的传递方式和检定规程去逐级认定。

在空调监控系统中所用到的湿度传感器都是相对湿度传感器，采用多孔材料的湿敏元件。由于吸湿快而脱湿慢，故选择湿度传感器位置时，尽量将传感器置于气流速度较大的地方。如测量室内相对湿度时，一般将湿度传感器安装在回风道内；测量室外空气相对湿度时，一般将湿度传感器安装在新风道内。按安装位置可分为风管型、室外型及室内型。如风道内气体含有易燃易爆物质，则应选用本安型湿度传感器。安装要求与温度传感器类似。湿度传感器可选用RVV或RVVP3×1.0线缆接至现场DDC。

7.2.3 温湿度传感器

温湿度传感器多以温湿度一体式的探头作为测温元件，将温度和湿度信号采集出来，经过稳压滤波、运算放大、非线性校正、V/I转换、恒流及反向保护等电路处理后，转换成与温度和湿度呈线性关系的电流信号或电压信号输出，也可以直接通过主控芯片进行485或232等接口输出。温度测量范围−40～+120℃，湿度测量范围0～100%RH，温度精度±0.5℃（25℃），湿度精度±3%RH（5%RH～95%RH，25℃）。

1. 温湿度传感器的分类

温湿度传感器是一种装有湿敏和热敏元件，能够用来测量温度和湿度的传感器装置，有的带有现场显示，有的不带有现场显示。温湿度传感器由于体积小，性能稳定等特点，被广泛应用在生产生活的各个领域。温湿度传感器按输出信号种类，分为模拟量型、485型、网络型等种类。

（1）模拟量型。模拟量型温湿度一体化传感器是采用数字集成传感器做探头，配以数字化处理电路，从而将环境中的温度和相对湿度转换成与之相对应的标准模拟信号，4～20mA、0～5V或者0～10V。模拟量型温湿度一体化传感器可以同时把温度及相对湿度值的变化变换成电流/电压值的变化，可以直接同各种标准的模拟量输入的二次仪表连接。

（2）485型。485型电路采用微处理器芯片、温度传感器，确保产品的可靠性、稳定性和互换性。采用颗粒烧结探头护套，探头与壳体直接相连。输出信号类型为RS485，能可靠地与上位机系统等进行集散监控，最远可通信2000m，标准的modbus协议，支持二次开发。

（3）网络型。网络型温湿度传感器，可采集温湿度数据并通过以太网/Wi-Fi/GPRS方式上传到服务器。充分利用已架设好的通信网络实现远距离的数据采集和传输，实现温湿度数据的集中监控。可大大减少施工量，提高施工效率和维护成本。

2. 温湿度传感器的安装说明

（1）葫芦孔安装

说明：在墙面固定位置打入自攻螺栓及膨胀螺栓，壁挂方式挂接到葫芦孔。

（2）壁挂扣安装

说明：挂钩一面使用沉头螺钉安装到墙壁上，另一面使用螺钉安装到设备上，然后将两部分挂到一起即可。

3. 温湿度传感器选择的注意事项

（1）选择测量范围

和测量重量、温度一样，选择湿度传感器首先要确定测量范围。除了气象、科研部门外，常规的湿度测控一般不需要全湿程（0～100%RH）测量。

（2）选择测量精度

测量精度是湿度传感器最重要的指标，每提高一个百分点，对湿度传感器来说就是上一个台阶，甚至是上一个档次。因为要达到不同的精度，其制造成本相差很大，售价也相差甚远。所以使用者一定要量体裁衣，不宜盲目追求"高、精、尖"。如在不同温度下使用湿度传感器，其示值还要考虑温度漂移的影响。众所周知，相对湿度是温度的函数，温度影响着指定空间内的相对湿度。温度每变化0.1℃，将产生0.5%RH的相对湿度变化（误差）。使用场合如果难以做到恒温，则提出过高的测湿精度是不合适的。多数情况下，如果没有精确的控温手段，或者被测空间是非密封的，±5%RH的精度就足够了。对于要求精确控制恒温、恒湿的局部空间，或者需要随时跟踪记录湿度变化的场合，再选用±3%RH以上精度的湿度传感器。而精度高于±2%RH的要求恐怕连校准传感器的标准湿度发生器也难以做到。相对湿度测量仪表，即使在20～25℃下，要达到±2%RH的精度仍是很困难的。通常产品资料中给出的特性是在常温（20℃±10℃）和洁净的气体中测量的。

（3）考虑时漂和温漂

在实际使用中，由于尘土、油污及有害气体的影响，使用时间一长，电子式湿度传感器会产生老化，精度下降，电子式湿度传感器年漂移量一般在±2%RH左右，甚至更高。一般情况下，生产厂商会标明1次标定的有效使用时间为1年或2年，到期需重新标定。

（4）其他注意事项

湿度传感器是非密封性的，为保证测量的准确度和稳定性，应尽量避免在酸性、碱性及含有机溶剂的环境中使用。也避免在粉尘较大的环境中使用。为正确反映欲测空间的湿度，还应避免将传感器安放在离墙壁太近或空气不流通的死角处。如果被测的房间太大，就应放置多个传感器。有的湿度传感器对供电电源要求比较高，否则将影响测量精度；或者传感器之间相互干扰，甚至无法工作。使用时应按照技术要求提供合适的、符合精度要求的供电电源。传感器需要进行远距离信号传输时，要注意信号的衰减问题。

当传输距离超过200m以上时,建议选用频率输出信号的湿度传感器。

4. 空调中常用的温湿度传感器

空调中常用风管温湿度传感器(图7.15)。风管温湿度传感器一般采用温湿度传感模块,通过高性能单片机的信号处理,可以输出各种模拟信号,具有广泛的应用,甚至超过一般壁挂式温湿度传感器。风管温湿度传感器采用灵活的管道式安装,使用方便,输出标准模拟信号,直接应用于各种控制机构和控制系统。这种温湿度传感器一般测量的温度范围是–40 ~ 120℃,而湿度范围为0 ~ 100%RH。风管温湿度传感器输出信号具有多样性,一般有4 ~ 20mA、0 ~ 5V、0 ~ 10V等常见模拟信号,有的还带有485数字信号输出,如果客户需要还可以装配显示功能,这也是这种传感器使用范围很广的一种原因。风管温湿度传感器广泛应用于楼宇自动化、气候与暖通信号采集、博物馆和宾馆的气候站、大棚温室以及医药行业等。这种传感器使用一定年限后,产品测量精度会产生一定的漂移,为了保证测量精度,建议在使用1 ~ 2年后对产品进行精度校正或者返厂精度校正。通常采用RVV2×1.0或RVVP3×1.0线缆接至现场DDC(图7.16)。

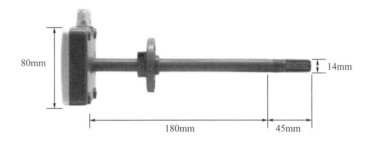

图 7.15　风管温湿度传感器外观

序号	内部标识	说明
1	T	温度信号正
2	V+	电源正
3	GND	电源/温度/湿度信号负
4	RH	湿度信号正

图 7.16　温湿度传感器电气连接图

7.2.4 流量传感器

流量传感器是一种用于测量液体或气体流动速度的设备，它能够将流体流经管道时的流速转换成电信号输出，从而实现对流量的测量。它由流量计传感器和电磁流量转换器两部分组成，用于测量导电液体与浆液的瞬时流量与体积流量。流量传感器在结构上可分为分体式和一体式两种，流量传感器与转换器为各自独立结构，传感器装在管道上，转换器可安装在离传感器200m以内的场所。流量传感器接通24VDC或220VAC电源后，通过励磁电缆向传感器提供低频三态恒定的励磁电流，当导电流体流经传感器时，传感器产生的流量信号经过信号电缆传输给转换器，经转换器处理后可显示出瞬时流量和累积流量。转换器同时可输出4～20mADC、0～2kHz的标准信号，也可以通过485接口与上位计算机通信。

这些传感器常用于工业自动化、流程控制、能源管理等领域，以实时监测和控制流体的流量。

1. 流量传感器的工作原理

流量传感器的工作原理主要包括以下几个方面：

（1）流体动力学原理

流体动力学原理是流量传感器工作的基础。当流体通过管道时，会产生一定的压力差，而这个压力差与流体的流速成正比。流量传感器利用这一原理，通过测量流体流经管道时的压力差来确定流速，进而计算出流量。

（2）传感器结构

流量传感器通常由传感器主体、流体导向装置、压力传感器和信号处理电路等部分组成。流体导向装置用于引导流体流经传感器，在流体流经时产生压力差；压力传感器用于测量流体流经时的压力差，并将其转换成电信号；信号处理电路用于对传感器输出的电信号进行放大、滤波、线性化处理，最终输出与流速成正比的电信号。

（3）工作原理

流体流经传感器时，流体的动能会转化为静压能，使得流体在传感器内部产生压力差。压力传感器能够感知这一压力差，并将其转换成电信号输出。信号处理电路对传感器输出的电信号进行处理，最终得到与流速成正比的电信号。通过对这一电信号的测量和分析，就可以得到流体的流速和流量。

（4）应用领域

流量传感器在工业自动化、环境监测、流体控制等领域有着广泛的应用。例如，在化工生产中，流量传感器可以用于监测流体的流量，实现对生产过程的控制和调节；在环境监测中，流量传感器可以用于监测水流、气流等，实现对环境状况的监测和预警。

2. 常见的流量传感器原理

常见的流量传感器包括磁性、超声波、热敏、涡轮、压差等。下面分别介绍几种常见的流量传感器原理。

（1）磁性流量传感器：磁性流量传感器是利用流体中的导电性物质（如水）通过磁场

时，产生的电压变化来测量流速的。传感器内部包含一对磁铁和线圈，在流体通过时，磁铁产生的磁场被线圈感应出电压信号，通过测量这个信号的大小可以确定流量大小。

（2）超声波流量传感器：超声波流量传感器利用声波在流体中传播的特性来测量流速。传感器内部包含一个发射器和一个接收器。发射器发射的超声波在流体中传播，被流体中的颗粒散射后被接收器接收到并转换为电信号。通过测量声波传播时间和散射信号的强度，可以确定流速。

（3）热敏流量传感器：热敏流量传感器通过测量流体通过传感器时传热量的变化来确定流速。传感器内部包含一个热电偶或热敏电阻。当流体通过时，传感器所处的环境温度会发生变化，通过测量温度的变化可以得知流速。

（4）涡轮流量传感器：涡轮流量传感器利用流体通过传感器时涡旋的频率与流速成正比的原理来测量流速。传感器内部包含一个涡轮，当流体通过时，涡轮会旋转并产生脉冲信号。通过测量脉冲信号的频率，可以确定流速。

（5）压差流量传感器：压差流量传感器利用流体通过传感器时产生的压差来测量流速。传感器内部包含一个流管，当流体通过时，流体的速度增加导致压力减小，通过测量流体进口和出口的压差，可以确定流速。

综上所述，流量传感器通过不同的原理实现对流体流速的测量。每种原理都有其适用的应用领域和优势，选择合适的流量传感器可以提高测量的精确度和可靠性。例如，电磁式流量传感器适用于需要高精度测量的场合。选择合适的流量传感器取决于具体的测量需求和流体的性质。

3. 常见的流量传感器

常用的流量传感器有电磁流量计和涡轮流量计。

（1）电磁流量计

电磁流量计（也称电磁涡街流量计）是一种测量导电液体流量的仪器。它基于法拉第电磁感应定律和涡街效应的原理工作。在电磁流量计中，通过电极对导电液体施加电压，使液体中的电荷载体移动，进而在磁场中产生感应电动势。液体中的感应电动势与液体的流速成正比，因此可以通过测量感应电动势的大小来确定液体的流量。

电磁流量计的结构通常包含一对磁场线圈、一对电极和液体流道。其中，一对磁场线圈被安装在流道的两侧，产生一个强度稳定的磁场。液体流经流道时，通过磁场，液体中的导电体产生感应电动势，并在电极间形成一个微小的电压信号（图7.17）。根据感应电动势的大小，可以推算出液体的流速和流量。

电磁流量传感器是有源传感器，电源为24VDC或220VAC。输出有4～20mA的模拟量信号、标准脉冲信号或RS485信号等。

（2）涡轮流量计

涡轮流量计的工作原理基于流体动量矩守恒原理，通过测量流体对涡轮叶片的驱动力矩来计算流体流量。当流体通过管道时，冲击涡轮流量计的叶片，产生驱动力矩，使涡轮克服摩擦力矩和流体阻力矩而产生旋转。在一定流量范围内，对于一定的流体介质黏度，涡轮流量计的旋转角速度与流体流速成正比。

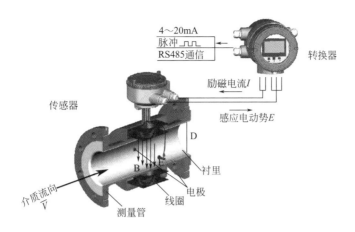

图 7.17　电磁流量计的结构

涡轮流量计的转速通过装在机壳外的传感线圈来检测。当涡轮叶片切割由壳体内永久磁铁产生的磁力线时，会引起传感线圈中的磁通变化。传感线圈将检测到的磁通周期变化信号送入前置放大器，对信号进行放大、整形，产生与流速成正比的脉冲信号。这些脉冲信号送入单位换算与流量计算电路得到并显示累积流量值；同时亦将脉冲信号送入频率电流转换电路，将脉冲信号转换成模拟电流量，进而指示瞬时流量值。

涡轮流量计的结构主要由涡轮、导流器、支承、磁电感应转换器等组成。涡轮用高导磁系数的不锈钢材料制成，置于摩擦力很小的滚珠轴承中。导流器由导向环及导向座组成，使流体到达涡轮前先导直，以避免因流体的自旋而改变流体与涡轮叶片的作用角，从而保证仪表的精度。磁电感应转换器由线圈和磁钢组成，用以将叶片的转速转换成相应的电信号，以供给前置放大器进行放大（图7.18）。

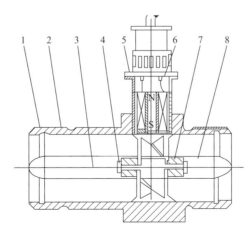

1—紧固件；2—壳体；3—前导向体；4—止推片；5—叶轮；
6—电磁感应式信号检出器；7—轴承；8—后导向体

图 7.18　涡轮流量计的结构

涡轮流量计和电磁流量计一样是有源传感器，电源为24VDC或220VAC。输出有4～20mA的模拟量信号、标准脉冲信号或RS485信号等（图7.19）。

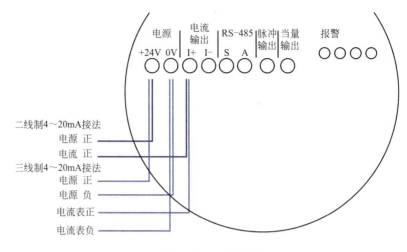

图7.19 流量计的接线图

7.2.5 压差开关

在很多领域，系统两端（进、出）的压力差值是一个很重要指标，压差过大可能会影响系统的正常运行，也可能出现安全隐患。压差开关和压差传感器不同，压差传感器输出的信号是模拟量信号，压差开关输出的是数字量的信号。常见的压差开关压力范围为20～4000Pa，开关差10～250Pa，上下限开关回差±15%，最大工作压力10kPa。简单地说，压差开关的作用是当压差达到一定值内部开关就闭合或断开。压差开关由2个膜盒腔组成，两个腔体分别由两片密封膜片和一片感压膜片密封。高压和低压分别进入压差开关的高压腔和低压腔，感受到的压差使感压膜片产生形变，通过栏杆弹簧等机械结构，最终启动最上端的微动开关，使电信号输出。压差开关按感压元件不同分为膜片式和波纹管式，性能特点亦不同。压差开关由感压元件的组成不同，原理不同，性能也有不同。膜片式可以做成高静压低压差，而波纹管虽然本身耐压低，但却有高精度、低死区的优点。

1. 压差开关的工作原理

压差开关的阀体和行程开关组装在一块底板上。润滑脂在压力的作用下从主管道B进入压差开关阀体活塞的右腔，主管道A卸荷。一旦两条主管道的压差达到设定值，活塞克服左腔内弹簧力向左移动，并推动行程开关，使触点1和2闭合，发出脉冲信号至系统电控箱，责令换向阀换向，这时主管道A受压，B卸荷，活塞在两端腔内弹簧的作用下对中，行程开关触点1和2断开，触桥处中位。系统开始第二周期工作，一旦主管道A和B间压差又达到设定值时，活塞向右移动，行程开关触点3和4闭合，脉冲信号再次使系统中的换向阀换向，开始下次循环工作（图7.20）。

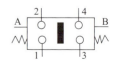

图7.20 压差开关工作原理图

2. 压差开关的作用

压差开关主要是用于系统故障报警，因为其只能读取一个开关量，而不像传感器能读出模拟量。例如，当空调新风机组过滤网的压差超过一定值，压差开关动作，系统报警，这时候就提醒你需要清洗过滤网了。还有许多离心水泵上安装压差开关，如果压差低于一定值，就需要报警以防止水泵叶轮气蚀。

3. 压差开关的安装

压差开关有一个进气孔和一个出气孔，通过管子（一般的塑料管即可）把进气孔连通到风机的出风口，出气孔连通到风机的进风口。当压差开关用于风机状态监测时，压差开关正压管插接到风机出风口侧，负压管插接到风机进风口侧；当压差开关用于滤网堵塞状态监测时，压差开关正压管插接到滤网前端，负压管插接到滤网后端（图7.21）。压差开关分水管型压差开关和风压压差开关。压差开关可选用RVV、RVVP2×1.0或RVVP3×1.0线缆接至现场DDC。

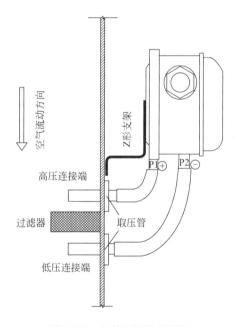

图 7.21　压差开关的安装图

4. 压差开关的应用

压差开关可广泛应用在使用板式换热器、套管式换热器和壳管式换热器的大中小型风冷或水冷机组中作水流量控制及水泵和水过滤器状态的监控，也同时应用于气体检测、非腐蚀性介质、测量绝压和表压；在空调和洁净室、风扇和过滤器的吹风控制、流体和液位控制中广泛应用。

5. 压差开关的安装举例

（1）水管型压差开关的安装

1）水管型压差开关的取压段大于管道口径的2/3时可安装在管道的顶部，如取压段小于管道口径的2/3时应安装在管道的侧面或底部。

2）水管型压差开关的安装位置应选在水流束稳定的地方，不宜选在阀门等阻力部件的附近和水流流束呈死角处以及振动较大的地方。

3）不宜安装在管道焊缝及其边缘上，开孔及焊接处。

4）水管型压差开关应安装在温、湿度传感器的上游侧。

（2）风压压差开关安装

1）压差开关的安装应在风管保温完成后进行。

2）压差开关应在风管的直管段安装，如不能安装在直管段，则应避开风管内通风死角和蒸汽放空口的位置。

3）压差开关的安装应在工艺管道预制和安装的同时进行，开孔与焊接工作必须在工艺管道的防腐、衬里吹扫和压力试验前进行。

4）压差开关不宜安装在管道焊缝及其边缘上，开孔及焊接处。

5）安装压差开关时，宜将薄膜处于垂直于平面的位置。

6）风压压差开关安装离地高度不应小于0.5m。

7）风压压差开关应安装在便于调试、维修的地方。

8）风压压差开关不应影响空调器本体的密封性。

9）风压压差开关的线路应通过软管与压差开关连接。

10）检查传感器到DDC之间的连接线的规格（线径截面）是否符合设计要求。

7.2.6 水流开关

水流开关是一种用于控制水流的装置，它可以通过感应水流的变化来触发开关的工作。其基本构成包括磁芯、复位弹簧、锻铜或聚碳外壳以及传感器。当水流通过水流开关时，如果流量达到一定值（如大于或等于1.0L/min），磁芯会受到水流的推动产生位移，进而带动磁源产生磁控作用，使水流开关输出"通"信号。这个信号随后被输入到设备控制系统，经过控制系统的处理实现相应的控制作用。当水流量小于启动流量时，水流开关则输出"断"的信号，停止系统的工作。

1. 水流开关的工作原理

水流开关的工作原理是利用水流的力量来产生压力，从而使开关动作。一般情况下，水流开关由一个导电的金属杆和一个绝缘杆组成。当水流通过开关时，水的流动会对金属杆产生压力，从而使金属杆弯曲。当金属杆被弯曲到一定程度时，绝缘杆与金属杆之间的距离发生变化，从而使电路得以连接或断开。水流开关的工作原理主要涉及将水流转换为开关式电信号的过程。具体来说，当水流刚开始流过开关时，金属杆处于未受压状态，电路中断。但随着水流的增加，金属杆受到压力，会逐渐弯曲，使其与绝缘杆之间的距离变小。当弯曲程度达到设定值时，绝缘杆与金属杆之间的距离变短到一定程度，导电特性发生改变，使电路重新连接，从而实现开关的打开。当水流减小或停止时，压力减小，金属杆恢复原位，使电路断开，开关闭合。

水流开关广泛应用于各种需要监控和控制水流的设备，比如水龙头、洗衣机、洗碗机等。它通过简单可靠的设计，能够在水流正常或异常的情况下实时监测并控制电路的连接状态，以保证设备的正常运行和安全使用。整个工作过程快速高效，且不需要其他外部能源供应，非常方便实用。

2. 水流开关的安装

开关接线螺钉旁有红、黄、蓝三色标志，红色为两组开关的公共接线端，黄色为常开触点，蓝色为常闭触点。当管道内液体流量增加后开关动作，常闭触点变为常开触点（图7.22）。

水流开关一定要安装在直线管道上，其两边至少有5倍管径以上的直线管道。将水流开关拧入管道三通时，为防止开关损坏，不允许握住壳体进行安装，必须使用六角扳手扳住阀体六角处安装。水流开关拧紧时应使流向片与流体的流向垂直，并保持水流开关外壳上的箭头方向与管道内流体的流向一致。水流开关可安装在水平管道或液流方向向上的垂直管道中，但不能安装在液流方向向下的管道中。水流开关不能遭受水击，如在水流开关下端装有快速闭合阀，必须使用合适的节流器，以防水流冲击。

水流开关的水流叶片长度应大于管径的1/2。选用RVV或RVVP2×1.0线缆连接至现场。

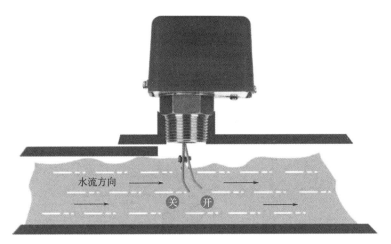

单刀双掷微动开关工作状态，流量上升至切换值时，接线端子1-2接通；流量下降至下切换值时，1-3接通

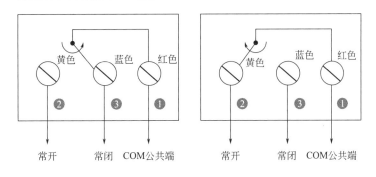

图7.22 水流开关示意图

3. 水流开关的调节

水流开关出厂调节在最小流量值附近，在使用时不得调到低于出厂设定值，否则会造成开关不能恢复到"无液流"位置。若需调高流量值，应顺时针旋转调节螺钉。在调高出厂设定值后想调低流量值，可逆时针旋转调节螺钉。调节结束后，应检查流量开关的设定值不低于出厂设定值，通过按动主杠杆数次，检查主杠杆恢复时开关有无"咔嗒"声，一旦发现没有，应顺时针旋转调节螺钉直至杠杆恢复时有"咔嗒"声。封漆的设定螺钉不可调节。一旦变动，将会破坏水流开关的控制或造成调节失效而无法工作。流量调节过高，低流量时无法带动流向片，开关无法动作。流量调节过低，开关过于灵敏，产生误动作。

7.2.7 防冻开关

防冻开关是一种用来防止水管内的水结冰的设备。其主要功能是在水温降低到一定程度时自动启动加热装置，使水管内的水保持在适宜的温度范围内，防止结冰。

防冻开关的工作原理如下：当环境温度降低到一定程度时，防冻开关内的温度传感器会检测到温度的变化。一般来说，防冻开关的温度传感器是由敏感元件和信号转换器组成的。敏感元件可以感知到周围环境的温度，并将这个信号转换成电信号。信号转换器会将电信号传送到控制装置中。

当控制装置接收到温度传感器的信号后，它会与加热装置进行通信。加热装置可以是电加热器或者是其他加热设备。控制装置会通过控制加热装置的电源开关来启动或者关闭加热设备，从而控制水管内的水温。

当环境温度升高到一定程度时，防冻开关的温度传感器会感应到这个变化，并向控制装置发送信号。控制装置会根据这个信号来判断是否需要关闭加热装置。如果环境温度已经足够高，加热装置会自动关闭。

总结来说，防冻开关的工作原理基于温度传感器的监测和控制装置对加热装置的控制。通过监测环境温度的变化，控制装置可以及时启动或关闭加热装置，保持水管内的水温在适宜的范围内，防止水结冰。

防冻开关主要用来保护空调盘管防止意外冻坏。安装时注意：防冻开关的感温铜管应由附件固定在空调箱内空调机盘管前部，不可折弯、压扁。采用RVV或RVVP2×1.0线缆接至现场DDC（图7.23）。

图 7.23 防冻开关及接线端子

7.2.8 液位开关

液位开关,也称水位开关,顾名思义,就是用来控制液位的开关。从形式上主要分为接触式和非接触式。常用的非接触式开关有电容式液位开关,接触式的浮球式液位开关应用最广泛。电极式液位开关、电子式液位开关、电容式液位开关也可以采用接触式方法实现。

电容式液位计是采用测量电容的变化来测量液面的高低的。它通过一根金属棒插入盛液容器内,金属棒作为电容的一个极,容器壁作为电容的另一极(图7.24)。两电极间的介质即为液体及其上面的气体。由于液体的介电常数ε_1和液面上的介电常数ε_2不同,比如$\varepsilon_1>\varepsilon_2$,则当液位升高时,电容式液位计两电极间总的介电常数值随之加大因而电容量增大;反之当液位下降,ε值减小,电容量也减小。所以,电容式液位计可通过两电极间的电容量的变化来测量液位的高低。

浮球式液位开关最大的特点是有一个带杆的浮球,随着液位的变化,浮球联动的杆随着变化,从而控制开关的闭合(图7.25)。工业上很早就利用浮子测量水塔中的水位了。

图 7.24 电容式液位计　　　　图 7.25 浮球式液位开关

在空调自动监控系统中,液位开关用于控制水箱等容器液位,采用RVV或RVVP2×1.0线缆接至现场DDC。

【综合考核】

1. 图7.26为空调冷热源系统监控原理图。试分析一下图中各符号代表的传感器，完成表7.3。

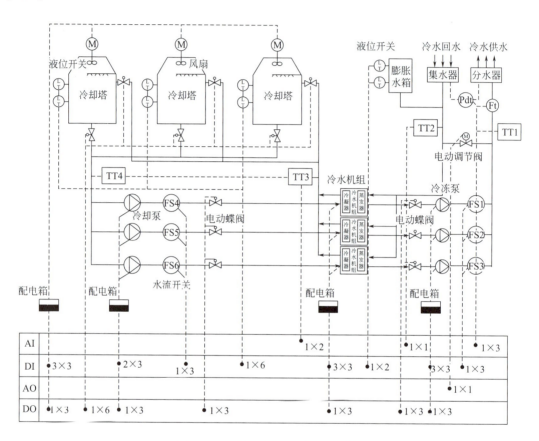

图7.26 空调冷热源系统监控原理图

传感器类型   表7.3

序号	图片	传感器名称	作用
1	LT		
2	T		
3	FS		
4	Pdt		
5	Ft		

2. 同学们通过走进施工企业、项目部、施工现场进行走访、调研，形成报告。调研之前请做好充分的准备，带着问题调研，做到认真、严谨，秉承科学精神深入分析问题。

分组：班级同学分组，4～5人为一组。

任务：调研的内容包括这些问题：(1)空调自动监控系统中有哪些数据必须要进行监测，要求是什么？(2)空调自动监控系统中设备通信技术有哪些，不同技术的优缺点是什么？(3)目前空调自动监控系统在哪些方面可以提升和改进？

成果：撰写不少于2000字的现场调研报告，附上调研中所获得的数据和现场图片等相关材料。

模块八　智能家居系统

【任务背景】

智能家居是以住宅为平台，利用自动控制技术、网络通信技术、综合布线技术、安全防范技术等将家居生活有关的设施集成，构建高效的住宅设施与家庭日常事务的管理系统，提升家居安全性、便利性、舒适性，并实现环保节能的居住环境。

智能家居通过物联网技术将家中的各种设备（如音视频设备、照明系统、窗帘、空调、安防系统、数字影院系统、网络家电等）连接到一起，提供家电控制、照明控制、窗帘控制、电话远程控制、防盗报警、环境监测等多种功能和手段。与普通家居相比，智能家居不仅具有传统的居住功能，还兼备建筑、网络通信、信息家电、设备自动化等功能，集系统、结构、服务、管理为一体的高效、舒适、安全、便利、环保的居住环境，提供全方位的信息交互功能，帮助家庭与外部保持信息交流畅通，优化人们的生活方式，帮助人们有效安排时间，增强家居生活的安全性，甚至节约各种能源。

智能家居系统让用户轻松享受生活。出门在外，业主可以通过手机、电脑来远程遥控各家居智能系统，例如：在回家的路上提前打开家中的空调和热水器；到家开门时，借助门磁或红外传感器，系统会自动打开过道灯，同时打开电子门锁，安防撤防，开启家中的照明灯具和窗帘迎接业主的归来；回到家里，使用遥控器业主可以方便地控制房间内各种电器设备，可以通过智能化照明系统选择预设的灯光场景，读书时营造书房舒适的安静氛围；卧室里营造浪漫的灯光氛围等等。这一切，主人都可以安坐在沙发上从容操作，一个控制器可以遥控家里的一切，比如拉窗帘，给浴池放水并自动加热调节水温，调整窗帘、灯光、音响的状态。厨房配有可视电话，业主可以一边做饭，一边接打电话或查看门口的来访者。在公司上班时，家里的情况还可以显示在办公室的电脑或手机上，随时查看。门口机具有拍照留影功能，家中无人时如果有来访者，系统会拍下照片供业主回来查询。

【任务导入】

智能家居通过物联网技术将家中的照明设备、窗帘控制、安防系统、网络家电、三表抄送等系统连接到一起，提供设备远程控制、防火防盗、环境监测等功能，为人们提供一个安全、舒适、高效的居住环境。那么，实现智能家居，需要有哪些传感器，它们的作用是什么呢？

【知识内容】

智能家居系统

8.1 智能家居系统的组成及架构

8.1.1 智能家居系统的组成

智能家居系统是通过智能家居管理系统的设施来实现家庭安全、居住舒适、信息交互与通信的系统。智能家居最基本的目标是为人们提供一个舒适、安全、方便和高效的生活环境。在设计智能家居系统时，应根据用户对智能家居功能的需求，整合以下最实用最基本的家居控制功能：智能家电控制、智能灯光控制、电动窗帘控制、防盗报警、门禁对讲、煤气泄漏等，同时还可以拓展诸如三表抄送、视频点播等增值服务功能。对很多个性化智能家居的控制方式丰富多样，比如：本地控制、遥控控制、集中控制、手机远程控制、感应控制、网络控制、定时控制等，其本意是让人们更加方便地操控家居设备，不仅提高效率，还能提高居住环境的安全。智能家居系统包含的主要子系统有：家居布线系统、家庭网络系统、智能家居（中央）控制管理系统、家居照明控制系统、家庭安防系统、背景音乐系统、家庭影院与多媒体系统、家庭环境控制系统共八大系统（图8.1）。其中，智能家居（中央）控制管理系统、家居照明控制系统、家庭安防系统是必备系统，家居布线系统、家庭网络系统、背景音乐系统、家庭影院与多媒体系统、家庭环境控制系统为可选系统。

8.1.2 智能家居系统的架构

智能家居系统架构是实现智慧生活的关键，通过感知、通信、控制、智能算法和云平台等组成部分的协同工作，让人们能够享受到更智能、便利和舒适的生活方式。虽然面临一些挑战，但随着技术的不断发展，智能家居将继续为人们创造更多智慧生活的机会和体验，改变着我们居住的方式和环境。智能家居系统架构包含如下部分（图8.2）。

感知层：这一层包括各种传感器和设备，如温度传感器、感光传感器、摄像头等。这些设备可以感知家居环境的变化和状态，如光线、温度、湿度等，为后续的决策提供数据支持。

通信层：通信层负责将感知层的数据传输到其他设备或系统。这可以通过无线技术（如Wi-Fi、蓝牙、ZigBee等）实现数据的收集、传输和处理，使得各个设备能够实时通信和协作。

应用层：是用户对智能家居系统进行操作和监测的层，包括移动客户端、PC端、语言控制和自动化控制等方式。用户通过应用层可以控制智能家电、监控家庭环境、获取家庭设备信息等。应用层的设计应充分考虑用户的使用习惯和交互模式，提供智能、高效、可靠的家居控制方式。

智能算法：智能算法在控制中心中运行，通过分析感知层的数据，自动做出决策和调整。例如，根据温度传感器的数据，智能算法可以自动调节空调的温度设置。

云平台：云平台可以存储和处理大量的家居数据，还可以提供更强大的智能分析和学习功能。云平台使得智能家居可以实现更高级的功能，如远程监控、数据统计和智能预测等。

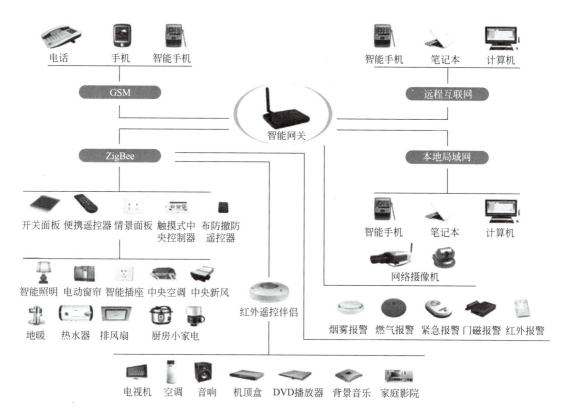

图 8.1 智能家居系统组成图

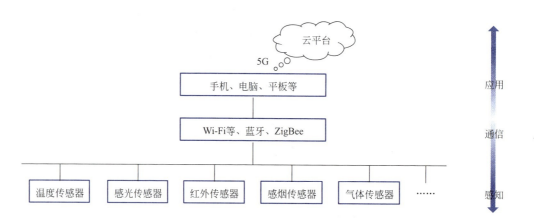

图 8.2 智能家居系统架构图

8.2 智能家居系统的传感器

8.2.1 智能家居照明系统的传感器

智能家居照明系统是采用传感器、无线网络通信技术、数字智能网关、智能开关、智能家居遥控器、智能灯光遥控器结合起来对灯光照明进行控制的系统。该系统采用无线的方式控制灯光的开和关，调节灯光的亮度，实现各种灯光情景的变换。智能家居的照明控制可以根据某一区域的功能、每天不同的时间、室外光亮度或该区域的用途来自控制照明，是整个智能家居系统的基础部分。

智能家居系统传感器

1. 光敏传感器

光敏传感器是利用光敏元件将光信号转换为电信号的传感器，它的敏感波长在可见光波长附近，包括红外线波长和紫外线波长。光敏传感器不只局限于对光的探测，它还可以作为探测元件组成其他传感器，对许多非电量进行检测，只要将这些非电量转换为光信号的变化即可。光敏传感器的种类繁多，主要有：光电管、光电倍增管、光敏电阻、光敏三极管、光电耦合器、太阳能电池、红外线传感器、紫外线传感器、光纤式光电传感器、色彩传感器、CCD 和 CMOS 图像传感器等。

（1）光敏电阻

光敏电阻是一种基于内光电效应的半导体元件，它的阻值依赖于入射光强的变化，光照愈强，阻值就愈低，亮电阻值可低于 $1k\Omega$。在无光照时，光敏电阻呈高阻状态，暗电阻一般可达 $1.5M\Omega$。光敏电阻没有极性，使用时在其两端施加一个任意方向的外加电压，通过测量回路中的电流大小就可以反映入射光的强弱。光敏电阻具有体积小、反应速度快、光谱响应范围宽等优势，在光电控制、自动控制、通信等领域有着广泛应用。

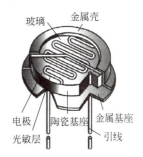

光敏电阻

光敏电阻的典型结构包括绝缘衬底、光敏层和电极（图 8.3）。光敏层一般采用轻掺杂的半导体材料，如金属硫化物、硒化物和碲化物，通过淀积方法与绝缘衬底结合。电极材料一般采用金、铟等金属，利用蒸镀或溅射方法在光敏层的两侧制备，形成欧姆接触。为了尽可能降低接触电阻，蒸镀的电极面积必须足够大。为了不影响光敏层的受光面积，兼顾器件的灵敏度，电极通常采用梳齿状。光敏电阻的封装通常采用环氧树脂封装和金属封装。在光敏电阻的电极上引线到封装基座，然后封装在带有透明窗的管壳里，以避免受潮影响其灵敏度。

图 8.3 光敏电阻的结构

1）光敏电阻的分类

① 按半导体材料分：本征型光敏电阻、掺杂型光敏电阻。后者性能稳定，特性较好，故在实际应用中大多采用它。

② 根据光敏电阻的光谱特性，可分为三种光敏电阻：

紫外光光敏电阻：对紫外线较灵敏，包括硫化镉、硒化镉等光敏电阻，用于探测紫外线。

红外光光敏电阻：主要有硫化铅、碲化铅、硒化铅、锑化铟等光敏电阻，广泛用于导弹制导、天文探测、非接触测量、人体病变探测、红外光谱、红外通信等国防、科学研究和工农业生产中。

可见光光敏电阻：包括硒、硫化镉、硒化镉、碲化镉、砷化镓、硅、锗、硫化锌等光敏电阻。主要用于各种光电控制系统，如光电自动开关门户，航标灯、路灯和其他照明系统的自动亮灭，自动给水和自动停水装置，机械上的自动保护装置和位置检测器，极薄零件的厚度检测器，照相机自动曝光装置等方面。

2) 光敏电阻的主要参数

光敏电阻的主要参数有亮电阻（R_L）、暗电阻（R_D）、最高工作电压（U_{max}）、亮电流（I_L）、暗电流（I_D）、时间常数、温度系数、灵敏度等。

① 亮电阻：亮电阻是指光敏电阻受到光照射时的电阻值。

② 暗电阻：暗电阻是指光敏电阻在无光照射（黑暗环境）时的电阻值。

③ 最高工作电压：最高工作电压是指光敏电阻在额定功率下所允许承受的最高电压。

④ 亮电流：亮电流是指在有光照射时，光敏电阻在规定的外加电压下受到光照时所通过的电流。

⑤ 暗电流：暗电流是指在无光照射时，光敏电阻在规定的外加电压下通过的电流。

⑥ 时间常数：时间常数是指光敏电阻从光照跃变开始到稳定亮电流的63%时所需的时间。

⑦ 温度系数：温度系数是指光敏电阻在环境温度改变1℃时，其电阻值的相对变化。

⑧ 灵敏度：灵敏度是指光敏电阻在有光照射和无光照射时电阻值的相对变化。

3) 光敏电阻的接线

光敏电阻没有明显的正负极，但存在"感光面"和"引线面"之分。在实际应用中，可以将外部的金属片视为光敏电阻的"引线面"，然后从另一端口开始测量电阻值，如果读数增大，则碰触的一侧为"引线面"，反之则为"感光面"。在接线时，将光敏电阻与其他元器件进行串联或并联，具体连接方式可以根据实际应用需求来决定，需要注意引线长度的一致性，以避免电路因线材不足而无法正常工作。

（2）光敏二极管

光敏二极管也叫光电二极管（图8.4），是一种能够将光根据使用方式，转换成电流或者电压信号的光探测器。管芯常使用一个具有光敏特征的PN结，对光的变化非常敏感，具有单向导电性，而且光强不同会改变电学特性，因此，可以利用光照强弱来改变电路中的电流。光敏二极管与半导体二极管在结构上是类似的，具有单向导电性，因此工作时需加上反向电压。

光敏二极管是在反向电压作用之下工作的。没有光照时，反向电流很小（一般小于0.1μA），称为暗电流。当有光照时，

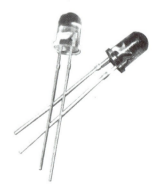

图8.4 光敏二极管

携带能量的光子进入PN结后，把能量传给共价键上的束缚电子，使部分电子挣脱共价键，从而产生电子-空穴对，称为光生载流子。它们在反向电压作用下参加漂移运动，使反向电流明显变大，光的强度越大，反向电流也越大。这种特性称为"光电导"。光敏二极管在一般照度的光线照射下，所产生的电流叫光电流。如果在外电路上接上负载，负载上就获得了电信号，而且这个电信号随着光强的变化而相应变化。光敏二极管和普通二极管一样具有一个PN结，不同之处是在光敏二极管的外壳上有一个透明的窗口以接收光线照射，实现光电转换，在电路图中文字符号一般为VD。

光敏二极管

1）光敏二极管的分类

根据其结构和性能的不同，可以将光敏二极管分为以下几类：

按原理不同分类：光敏二极管根据其光电转换原理的不同，可以分为光电效应型和内光效应型。

按材料不同分类：光敏二极管根据其材料的不同，可以分为硅光敏二极管、锗光敏二极管、碲化镉光敏二极管等。

按结构不同分类：光敏二极管根据其结构的不同，可以分为表面贴装型（SMD）光敏二极管、导线型光敏二极管、直插式光敏二极管等。

按器件参数不同分类：光敏二极管根据其器件参数的不同，可以分为暗电流、响应时间、光谱响应等不同类型。

2）光敏二极管的主要参数

① 最高工作电压 U_{max}

最高工作电压是指在无光照、反向电流不超过规定值（通常为0.1μA）的前提下，光敏二极管所允许施加的最高反向电压。光敏二极管的 U_{max} 一般在 10～50V 范围内，使用中电压不要超过这个范围。

② 光电流 I_L

光电流是指在受到一定光照时，加有反向电压的光敏二极管中所流过的电流，约为几十微安。光电流与照度呈线性关系，一般情况下，选用光电流较大的光敏二极管效果较好。

③ 暗电流 I_D

暗电流是指在无光照且施加一定反向电压时的电流。暗电流要求尽量小，光敏二极管的暗电流随温度变化而变化，如硅光敏二极管的 I_D 值，在环境温度升高 30～40℃ 时将增大10倍。因此，在稳定性要求高的电路中，需要考虑进行温度补偿。

④ 光电灵敏度 Sn

光电灵敏度是指在光照下，光敏二极管的光电流与入射光功率之比，单位为 μA/μW。它反映光敏二极管对光的敏感程度，光电灵敏度 Sn 越高越好。

3）光敏二极管的接线

光敏二极管通常有两个引脚，其中一个是阴极（Cathode），一个是阳极（Anode）。根据其工作原理，光敏二极管应该接在电路的输入端，以光的照射来改变电路的电流和电压。它通常被连接在电路的负电源极上，另一端通过一个限流电阻连接到正电源极。

电源连接：光敏二极管需要接入电源以提供工作电压。通常，光敏二极管的接线包括正极（VCC）和负极（GND）两端，分别连接电源的正极和地线。

反向电压：光敏二极管在工作时需要加上反向电压，这有助于提高其性能和安全性。没有光照时，光敏二极管会有很小的饱和反向漏电流，即暗电流。

信号输出：光敏二极管的输出端可以通过连接到一个电阻和微控制器的输入引脚上来实现信号的读取。这样，当光线照射到光敏二极管上时，其电阻值会发生变化，从而产生电信号，这个信号可以被微控制器读取并处理。

（3）光电三极管

光电三极管也称光敏三极管，它的电流受外部光照控制，是一种半导体光电器件。光电三极管是一种相当于在三极管的基极和集电极之间接入一只光电二极管的三极管，光电二极管的电流相当于三极管的基极电流。因为具有电流放大作用，光电三极管比光电二极管灵敏得多，在集电极可以输出很大的光电流。

光电三极管

光电三极管有塑料、金属（顶部为玻璃镜窗口）、陶瓷、树脂等多种封装结构，引脚分为两脚型和三脚型。一般两个管脚的光电三极管，管脚分别为集电极和发射极，而光窗口则为基极。

在无光照射时，光电三极管处于截止状态，无电信号输出。当光信号照射光电三极管的基极时，光电三极管导通，首先通过光敏二极管实现光电转换，再经由三极管实现光电流的放大，从发射极或集电极输出放大后的电信号。

光电三极管的基本结构和普通三极管一样，有两个PN结。图8.5为NPN型光电三极管，b-c结为受光结，吸收入射光，基区面积较大，发射区面积较小。当光入射到基极表面，产生光生电子-空穴对，会在b-c结电场作用下，电子向集电极漂移，而空穴移向基极，致使基极电位升高，在c、e间外加电压作用下（c为+、e为−）大量电子由发射极注入，除少数在基极与空穴复合外，大量电子通过极薄的基极被集电极收集，成为输出光电流（图8.6）。

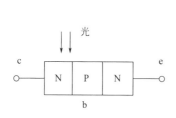

图8.5 NPN型光电三极管的简化结构图

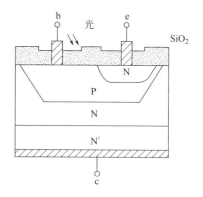

图8.6 光电三极管工作示意图

1）光电三极管的分类

按导电极性分类：光电三极管可以分为NPN型和PNP型。

按结构类型分类：可以分为普通光电三极管和复合型（达林顿型）光电三极管。

按外引脚数分类：可以分为二引脚式和三引脚式。

按外观分类：可以分为罐封闭型和树脂封入型，而各型又可分别分为附有透镜型及单纯附有窗口型。

按半导体材料分类：材料有硅（Si）和锗（Ge），大部分为硅。

2）光电三极管的主要参数

① 光谱特性

光电三极管的光谱特性与光敏二极管是相同的。

② 伏安特性

光电三极管的伏安特性是指在给定的光照度下光电三极管上的电压与光电流的关系。

③ 光电特性

光电三极管的光电特性反映了当外加电压恒定时，光电流I_L与光照度之间的关系。光电三极管的光电特性曲线的线性度不如光敏二极管好，且在弱光时光电流增加较慢。

④ 温度特性

温度对光电三极管的暗电流及光电流都有影响。由于光电流比暗电流大得多，在一定温度范围内，温度对光电流的影响比对暗电流的影响要小。

⑤ 暗电流I_D

在无光照的情况下，集电极与发射极间的电压为规定值时，流过集电极的反向漏电流称为光电三极管的暗电流。

⑥ 光电流I_L

在规定光照下，当施加规定的工作电压时，流过光电三极管的电流称为光电流，光电流越大，说明光电三极管的灵敏度越高。

⑦ 集电极-发射极击穿电压U_{CE}

在无光照下，集电极电流I_C为规定值时，集电极与发射极之间的电压降称为集电极-发射极击穿电压。

⑧ 最高工作电压U_{max}

在无光照下，集电极电流I_C为规定的允许值时，集电极与发射极之间的电压降称为最高工作电压。

⑨ 最大功率P_M

最大功率指光电三极管在规定条件下能承受的最大功率。

⑩ 峰值波长λ_p

当光电三极管的光谱响应为最大时对应的波长叫作峰值波长。

⑪ 光电灵敏度

在给定波长的入射光输入单位为光功率时，光电三极管管芯单位面积输出光电流的强度称为光电灵敏度。

⑫ 响应时间

响应时间指光电三极管对入射光信号的反应速度，一般为 $1\times10^{-7} \sim 1\times10^{-3}$s。

3）光电三极管的接线

光电三极管的接线主要涉及正确的电压和电流连接，以确保光电三极管能够根据光照强度变化正确地控制集电极电流的大小。光电三极管通常有三个电极：集电极（c）、发射极（e）和基极（b），其中基极未引出，作为光接收窗口。接线时，集电极应接正电位，发射极接负电位（图8.7）。这种接线方式使得光电三极管能够在不同光照条件下工作，从而实现对光照强度的检测和控制。

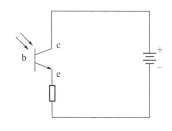

图8.7 光电三极管的基本线路

在具体接线时，需要注意以下几点：

基极作为光接收窗口，不需要引出，光线直接照射在基极上，引起电阻变化，进而影响集电极电流。

集电极和发射极的电压连接，集电极应接正电位，发射极接负电位，这是为了保证光电三极管在无光照条件下（暗电流）和有光照条件下（亮电流）都能正常工作。

暗电流和亮电流的测量，在实验中，需要测量光电三极管的暗电流和亮电流。暗电流是在无光照条件下测量，而亮电流则是在有光照条件下测量。这两种电流的测量可以帮助了解光电三极管的光电特性。

此外，光电三极管的应用广泛，例如在光电自动控制中作为光电开关使用，其光电特性是非线性的，适用于各种光电控制场合。在实际应用中，光电三极管的接线应遵循具体应用的需求和电路设计的要求，以确保其能够有效地将光信号转换为电信号，并实现对电路的控制或监测。

2. 人体红外传感器

定义：人体红外传感器是热释电传感器的别称。热释电传感器是一种非常有潜力的传感器，它可以检测人或某些动物发出的红外光并转换成电信号输出，是感应人体存在的高灵敏度红外探测元器件。

工作原理：热释电传感器是将热释电陶瓷（压电体的一种）的热电效应作为红外线检测原理的传感器。热电效应是指当热释电陶瓷的温度变化时，其自发极化随之变化，并产生电荷的现象。具有热电效应的热释电传感器可以检测并输出陶瓷的温度变化情况。

组成：热释电传感器由敏感单元、阻抗变换器和滤光窗三大部分组成（图8.8）。红外线射入传感器后，会发生温度变化，使热电元件（陶瓷）的表面温度上升，并通过热电效应产生表面电荷。因此，稳定时的电荷中和状态被破坏，导致感应元件表面的电荷与吸附悬浮离子电荷的弛豫时间不同而出现不均衡现象，从而产生没有结合对象的电荷。将产生的表面电荷作为传感器内部元件的电信号进行采集后，用作输出信号。因此热释电传感器仅在温度变化时可以检测，无温度变化，即无电荷移动时无法检测。

热释电传感器顶部的长方形窗口加有滤光片，可以使人体发出的9～10μm的红外光通过，不需要接触人体就能检测出人体辐射能量的不同以及变化，并把它转换成电压信号输出。通过将信号放大，就可以驱动各种控制电路，用在电源开关控制、防盗报警、自动控制等多种场景下。

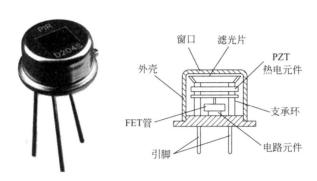

图8.8 热释电传感器及其内部结构

应用：热释电传感器是一种非常有应用潜力的传感器。它以非接触形式检测出人体辐射的红外线能量变化，并输出电压信号，将输出的电压信号加以放大，便可驱动各种控制电路，在自动控制、智能安防、智慧楼宇等领域广泛应用。

热释电传感器除了用在常见的自动门、感应灯、智能防盗报警系统上，也在越来越多的智能电器中广泛应用。如无人时自动关闭的空调、电视；有人靠近时自动开启的监视器、自动门铃等。红外人体感应技术在生活中的应用非常广泛，大多数具有人体感应功能的产品中都可能会用到热释电传感器。除了常见的感应灯、感应门、感应洗手液，很多家用电器中也可以利用热释电技术来提高操作便捷性，如智能被动红外探测器是入侵防盗报警系统中最为普遍的设备之一，作为其中重要的组成部分，热释电传感器通常与多种不同的技术相结合，融入检测系统中进行入侵检测，用于家庭住宅区、楼盘别墅、厂房、商场、仓库、写字楼等场所的安全防范。

接线：热释电传感器一般有三个引脚，其中两个为电源引脚，一个为信号输出引脚（图8.9）。具体来说，一般是VCC接3.3V或5V电源，GND接地线，OUT则接到微控制器的输入端口。

图8.9 热释电传感器引脚

8.2.2 火灾自动报警系统传感器

火灾作为一种严重且不容忽视的灾害，其潜在威胁不容忽视。尤其是在家居环境中人们越来越关注自身的防火安全，在智能家居系统设计中会更多地考虑火灾自动报警装置的布置，作为一种集成了各种智能设备和传感器的系统，智能家居系统为我们的日常生活的消防安全带来了新的保障。火灾自动报警系统可以提供更加精确的火灾检测和识别，提高火灾预警的准确性，另外火灾自动报警系统可以实现远程控制和操作，可以远程通过手机控制火灾自动报警装置启停、火灾确认和报警等。火灾自动报警系统还可以实现联动其他安全设备，如联动安全摄像头、门窗等装置，提升了火灾应对的准确性、灵活性和便利性。这些优势将为我们的生活带来更全面和智能化的火灾安全保障，使我们能够更好地预防火灾，及时发现火灾并做出相应的应对措施，最大限度地降低火灾带来的损失。

火灾发生时，会产生烟雾、高温、火光及可燃性气体等理化现象，用火灾探测器监测环境中是否有火灾发生。火灾探测器用火灾的特征物理量，如烟雾、温度、气体和辐射光强等转换成电信号，并立即动作，向火灾报警控制器发出报警信号。火灾探测器按其探测火灾不同的理化现象，分为感烟探测器、感温探测器、感光探测器、可燃性气体探测器、复合式探测器等；按探测器结构可分为点型和线型；按探测器输出信号类型可分为阈值开关和参数模拟量两类。智能家居中常用的火灾探测器实物如图8.10所示。

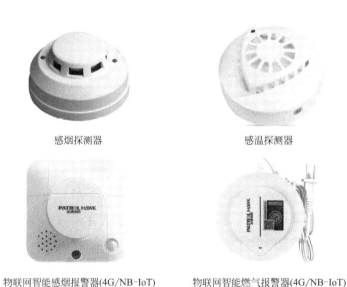

感烟探测器　　　　　　　　感温探测器

物联网智能感烟报警器(4G/NB-IoT)　　物联网智能燃气报警器(4G/NB-IoT)

图8.10　智能家居中常用的火灾探测器实物图

1. 火灾探测器的选择

在选择火灾探测器种类时，要根据探测区域内可能发生的火灾特征、房间高度、环境条件等因素来确定。

根据可能发生的火灾特征选择：对火灾初期有阴燃阶段，产生大量的烟和少量的热，很少或没有火焰辐射的场所，应选择感烟火灾探测器；对火灾发展迅速，会产生大量热、烟和火焰辐射的场所，可选择感温火灾探测器、感烟火灾探测器、火焰火灾探测器或其组合；对火灾发展迅速，有强烈的火焰辐射和少量的烟、热的场所，应选择火焰火灾探测器；对火灾初期有阴燃阶段，且需要早期探测的场所，宜增设一氧化碳火灾探测器；对使用、生产或聚集可燃气体或可燃蒸气的场所，应选择可燃气体探测器；根据保护场所可能发生火灾的部位和燃烧材料的分析选择相应的火灾探测器（包括火灾探测器类型、灵敏度和响应时间等），对火灾形成特征不可预料的场所，可根据模拟试验的结果选择火灾探测器；同一探测区域内设置多个火灾探测器时，可选择具有复合判断火灾功能的火灾探测器和火灾报警控制器，以达到缩短报警时间和提高报警准确率的要求。

根据房间高度选择：对于不同高度的房间，可按表8.1选择点型火灾探测器。

对不同高度的房间点型火灾探测器的选择 表8.1

房间高度 h（m）	点型感烟火灾探测器	点型感温火灾探测器			火焰探测器
		A1、A2	B	C、D、E、F、G	
12 < h ≤ 20	不适合	不适合	不适合	不适合	适合
8 < h ≤ 12	适合	不适合	不适合	不适合	适合
6 < h ≤ 8	适合	适合	不适合	不适合	适合
4 < h ≤ 6	适合	适合	适合	不适合	适合
h ≤ 4	适合	适合	适合	适合	适合

注：表中 A1、A2、B、C、D、E、F、G 为点型感温火灾探测器的不同类别，具体参数见表8.2。

点型感温火灾探测器的分类 表8.2

探测器类别	典型应用温度（℃）	最高应用温度（℃）	动作温度下限值（℃）	动作温度上限值（℃）
A1	25	50	54	65
A2	25	50	54	70
B	40	65	69	85
C	55	80	84	100
D	70	95	99	115
E	85	110	114	130
F	100	125	129	145
G	115	140	144	160

2. 火灾探测器的种类

（1）感烟探测器

一般情况下，火灾发生初期均有大量的烟产生，感烟探测器能够及时探测到火灾，报警后，有足够的疏散时间。点型感烟火灾探测器性能稳定、物美价廉、维护方便，是应用最广泛的火灾探测器。

感烟火灾探测器的选择应符合《火灾自动报警系统设计规范》GB 50116—2013中规定。下列场所宜选择点型感烟火灾探测器。

① 饭店、旅馆、教学楼、办公楼的厅堂、卧室、办公室、商场、列车载客车厢等。
② 计算机房、通信机房、电影或电视放映室等。

③ 楼梯、走道、电梯机房、车库等。

④ 书库、档案库等。

符合下列条件之一的场所，不宜选择点型离子感烟火灾探测器。

① 相对湿度经常大于95%。

② 气流速度大于5m/s。

③ 有大量粉尘、水雾滞留。

④ 可能产生腐蚀性气体。

⑤ 在正常情况下有烟滞留。

⑥ 产生醇类、醚类、酮类等有机物质。

符合下列条件之一的场所，不宜选择点型光电感烟火灾探测器。

① 有大量粉尘、水雾滞留。

② 可能产生蒸气和油雾。

③ 高海拔地区。

④ 在正常情况下有烟滞留。

无遮挡的大空间或有特殊要求的房间，宜选择线型光束感烟火灾探测器。符合下列条件之一的场所，不宜选择线型光束感烟火灾探测器。

① 有大量粉尘、水雾滞留。

② 可能产生蒸气和油雾。

③ 在正常情况下有烟滞留。

④ 固定探测器的建筑结构由于振动等原因会产生较大位移的场所。

下列场所宜选择吸气式感烟火灾探测器。

① 具有高速气流的场所。

② 点型感烟、感温火灾探测器不适宜的大空间、舞台上方、建筑高度超过12m或有特殊要求的场所。

③ 低温场所。

④ 需要进行隐蔽探测的场所。

⑤ 需要进行火灾早期探测的重要场所。

⑥ 人员不宜进入的场所。

灰尘比较大的场所，不应选择没有过滤网和管路自清洗功能的管路采样式吸气感烟火灾探测器。

（2）感温探测器

感温探测器直接用于探测物体温度变化，如堆垛内部温度变化、电缆温度变化等情况，其报警信号会比感烟火灾探测器早很多，可以起到预警的作用，只是提示有引发火灾的可能。在火灾发展过程中，感温探测器用于监测火灾发生后引起的空间温度的变化，感温探测器动作表明火灾已经发展到应该启动自动灭火设施的程度了，所以点型感温火灾探测器经常用于确认火灾并联动自动灭火系统。

感温火灾探测器的选择应符合《火灾自动报警系统设计规范》GB 50116—2013中规定。

符合下列条件之一的场所，宜选择点型感温火灾探测器；且应根据使用场所的典型应用温度和最高应用温度选择适当类别的感温火灾探测器。

① 相对湿度经常大于95%。

② 可能发生无烟火灾。

③ 有大量粉尘。

④ 吸烟室等在正常情况下有烟或蒸气滞留的场所。

⑤ 厨房、锅炉房、发电机房、烘干车间等不宜安装感烟火灾探测器的场所。

⑥ 需要联动熄灭"安全出口"标志灯的安全出口内侧。

⑦ 其他无人滞留且不适合安装感烟火灾探测器，但发生火灾时需要及时报警的场所。

可能产生阴燃火或发生火灾不及时报警将造成重大损失的场所，不宜选择点型感温火灾探测器；温度在0℃以下的场所，不宜选择定温探测器；温度变化较大的场所，不宜选择具有差温特性的探测器。

下列场所或部位，宜选择缆式线型感温火灾探测器。

① 电缆隧道、电缆竖井、电缆夹层、电缆桥架。

② 不易安装点型探测器的夹层、闷顶。

③ 各种皮带输送装置。

④ 其他环境恶劣不适合点型探测器安装的场所。

下列场所或部位，宜选择线型光纤感温火灾探测器。

① 除液化石油气外的石油储罐。

② 需要设置线型感温火灾探测器的易燃易爆场所。

③ 需要监测环境温度的地下空间等场所宜设置具有实时温度监测功能的线型光纤感温火灾探测器。

④ 公路隧道、敷设动力电缆的铁路隧道和城市地铁隧道等。

线型定温火灾探测器的选择，应保证其不动作温度符合设置场所的最高环境温度的要求。

（3）火焰探测器

火焰探测器的选择应符合《火灾自动报警系统设计规范》GB 50116—2013中规定。

符合下列条件之一的场所，宜选择点型火焰探测器或图像型火焰探测器。

① 火灾时有强烈的火焰辐射。

② 可能发生液体燃烧等无阴燃阶段的火灾。

③ 需要对火焰做出快速反应。

符合下列条件之一的场所，不宜选择点型火焰探测器和图像型火焰探测器。

① 在火焰出现前有浓烟扩散。

② 探测器的镜头易被污染。

③ 探测器的"视线"易被油雾、烟雾、水雾和冰雪遮挡。

④ 探测区域内的可燃物是金属和无机物。

⑤ 探测器易受阳光、白炽灯等光源直接或间接照射。

探测区域内正常情况下有高温物体的场所，不宜选择单波段红外火焰探测器。

正常情况下有明火作业，探测器易受X射线、弧光和闪电等影响的场所，不宜选择紫外火焰探测器。

（4）可燃气体探测器

可燃气体探测器的选择应符合《火灾自动报警系统设计规范》GB 50116—2013中规定。下列场所宜选择可燃气体探测器。

① 使用可燃气体的场所。

② 燃气站和燃气表房以及存储液化石油气罐的场所。

③ 其他散发可燃气体和可燃蒸气的场所。

在火灾初期产生一氧化碳的下列场所可选择点型一氧化碳火灾探测器。

① 烟不容易对流或顶棚下方有热屏障的场所。

② 在棚顶上无法安装其他点型火灾探测器的场所。

③ 需要多信号复合报警的场所。

3. 火灾探测器的设置要求

火灾探测器在探测现场布置中，应根据建筑物的布局、用途和规模合理布置火灾报警探测器，确保无死角地覆盖整个建筑。一般来说，应在每个房间、走廊、楼梯间、水电间、桥梁及通风道等重要位置布置火灾探测器，确保全面覆盖。

火灾探测器可设置在下列部位。

（1）财贸金融楼的办公室、营业厅、票证库。

（2）电信楼、邮政楼的机房和办公室。

（3）商业楼、商住楼的营业厅、展览楼的展览厅和办公室。

（4）旅馆的客房和公共活动用房。

（5）电力调度楼、防灾指挥调度楼等的微波机房、计算机房、控制机房、动力机房和办公室。

（6）广播电视楼的演播室、播音室、录音室、办公室、节目播出技术用房、道具布景房。

（7）图书馆的书库、阅览室、办公室。

（8）档案楼的档案库、阅览室、办公室。

（9）办公楼的办公室、会议室、档案室。

（10）医院病房楼的病房、办公室、医疗设备室、病历档案室、药品库。

（11）科研楼的办公室、资料室、贵重设备室、可燃物较多的和火灾危险性较大的实验室。

（12）教学楼的电化教室、理化演示和实验室、贵重设备和仪器室。

（13）公寓（宿舍、住宅）的卧房、书房、起居室（前厅）、厨房。

（14）甲、乙类生产厂房及其控制室。

（15）甲、乙、丙类物品库房。

（16）设在地下室的丙、丁类生产车间和物品库房。

（17）堆场、堆垛、油罐等。

（18）地下铁道的地铁站厅、行人通道和设备间，列车车厢。

（19）体育馆、影剧院、会堂、礼堂的舞台、化妆室、道具室、放映室、观众厅、休息厅及其附设的一切娱乐场所。

（20）陈列室、展览室、营业厅、商业餐厅、观众厅等公共活动用房。

（21）消防电梯、防烟楼梯的前室及合用前室、走道、门厅、楼梯间。

（22）可燃物品库房、空调机房、配电室（间）、变压器室、自备发电机房、电梯机房。

（23）净高超过2.6m且可燃物较多的技术夹层。

（24）敷设具有可延燃绝缘层和外护层电缆的电缆竖井、电缆夹层、电缆隧道、电缆配线桥架。

（25）贵重设备间和火灾危险性较大的房间。

（26）电子计算机的主机房、控制室、纸库、光或磁记录材料库。

（27）经常有人停留或可燃物较多的地下室。

（28）歌舞娱乐场所中经常有人滞留的房间和可燃物较多的房间。

（29）高层汽车库、Ⅰ类汽车库、Ⅰ、Ⅱ类地下汽车库，机械立体汽车库，复式汽车库，采用升降梯作汽车疏散出口的汽车库（敞开车库可不设）。

（30）污衣道前室、垃圾道前室、净高超过0.8m的具有可燃物的闷顶、商业用或公共厨房。

（31）以可燃气为燃料的商业和企、事业单位的公共厨房及燃气表房。

（32）其他经常有人停留的场所、可燃物较多的场所或燃烧后产生重大污染的场所。

（33）需要设置火灾探测器的其他场所。

在家居的探测区域内，相对独立的每个房间至少应设置一只火灾探测器，即使该房间的面积比一只探测器的保护面积小得多。当探测器装于不同坡度的顶棚上时，随着顶棚坡度的增大，烟雾沿斜顶棚和屋脊聚集，使得安装在屋脊或顶棚的探测器进烟或感受热气流的机会增加。因此，探测器的保护半径可相应地增大。当探测器监视的地面面积$S>80m^2$时，安装在其顶棚上的感烟探测器受其他环境条件的影响较小。房间越高，火源和顶棚之间的距离越大，则烟均匀扩散的区域越大，对烟的容量也越大，人员疏散时间就越有保证。因此，随着房间高度增加，探测器保护的地面面积也增大。感烟火灾探测器对各种不同类型火灾的灵敏度有所不同，但考虑到房间越高，烟越稀薄的情况，当房间高度增加时，可将探测器的灵敏度相应地调高。

感烟火灾探测器和A1、A2、B型感温火灾探测器的保护面积和保护半径，应按表8.3确定；C、D、E、F、G型感温火灾探测器的保护面积和保护半径，应根据生产企业设计说明书确定，但不应超过表8.3的规定。

感烟火灾探测器和A1、A2、B型感温火灾探测器的保护面积和保护半径　　　表8.3

火灾探测器的种类	地面面积 S（m^2）	房间高度 h（m）	一只探测器的保护面积 A 和保护半径 R					
			屋顶坡度 θ					
			$\theta \leqslant 15°$		$15° < \theta \leqslant 30°$		$\theta > 30°$	
			A（m^2）	R（m）	A（m^2）	R（m）	A（m^2）	R（m）
感烟火灾探测器	$S \leqslant 80$	$h \leqslant 12$	80	6.7	80	7.2	80	8.0
	$S > 80$	$6 < h \leqslant 12$	80	6.7	100	8.0	120	9.9
		$h \leqslant 6$	60	5.8	80	7.2	100	9.0
感温火灾探测器	$S \leqslant 30$	$h \leqslant 8$	30	4.4	30	4.9	30	5.5
	$S > 30$	$h \leqslant 8$	20	3.6	30	4.9	40	6.3

注：建筑高度不超过14m的封闭探测空间，且火灾初期会产生大量的烟时，可设置点型感烟火灾探测器。

4. 火灾报警探测器安装计算

感烟火火探测器、感温火灾探测器的安装间距a、b是指图8.11中1号探测器和2号～5号相邻探测器之间的距离，不是1号探测器与6号～9号探测器之间的距离。

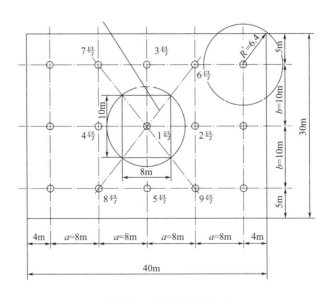

图8.11　探测器布置示例

（1）查表法

感烟火灾探测器、感温火灾探测器的安装间距a、b可以由探测器的保护面积A和保护半径R确定。见表8.4，极限曲线$D_1 \sim D_{11}$（含D_9'）是按照下列公式8.1绘制的，这些极限

曲线端点 Y_i 和 Z_i 的坐标值（a_i、b_i），就是按照间距 a、b 在极限曲线端点的一组数值。

$$a \cdot b = A \tag{8.1a}$$

$$a^2 + b^2 = (2R)^2 \tag{8.1b}$$

极限曲线端点 Y_i 和 Z_i 坐标值（a_i、b_i） 表 8.4

极限曲线	Y_i（a_i，b_i）点	Z_i（a_i，b_i）点
D_1	Y_1（3.1，6.5）	Z_1（6.5，3.1）
D_2	Y_2（3.8，7.9）	Z_2（7.9，3.8）
D_3	Y_3（3.2，9.2）	Z_3（9.2，3.2）
D_4	Y_4（2.8，10.6）	Z_4（10.6，2.8）
D_5	Y_5（6.1，9.9）	Z_5（9.9，6.1）
D_6	Y_6（3.3，12.2）	Z_6（12.2，3.3）
D_7	Y_7（7.0，11.4）	Z_7（11.4，7.0）
D_8	Y_8（6.1，13.0）	Z_8（13.0，6.1）
D_9	Y_9（5.3，15.1）	Z_9（15.1，5.3）
D_9'	Y_9'（6.9，14.4）	Z_9'（14.4，6.9）
D_{10}	Y_{10}（5.9，17.0）	Z_{10}（17.0，5.9）
D_{11}	Y_{11}（6.4，18.7）	Z_{11}（18.7，6.4）

极限曲线 $D_1 \sim D_4$ 和 D_6 适宜于保护面积 A 等于 $20m^2$、$30m^2$ 和 $40m^2$ 及其保护半径 R 等于 3.6m、4.4m、4.9m、5.5m、6.3m 的感温火灾探测器；极限曲线 D_5 和 $D_7 \sim D_{11}$（含 D_9'）适宜于保护面积 A 等于 $60m^2$、$80m^2$、$100m^2$ 和 $120m^2$ 及其保护半径 R 等于 5.8m、6.7m、7.2m、8.0m、9.0m 和 9.9m 的感烟火灾探测器。

探测器安装间距的极限曲线如图 8.12 所示。图中，A 为探测器的保护面积（m^2）；a、b 为探测器的安装间距（m）；$D_1 \sim D_{11}$（含 D_9'）为在不同保护面积 A 和保护半径下确定探测器安装间距 a、b 的极限曲线；Y、Z 为极限曲线的端点（在 Y 和 Z 两点间的曲线范围内，保护面积可得到充分利用）。

（2）计算法

一个探测器区域内所需设置的探测器数量，不应小于公式（8.2）的计算值。式中给出的修正系数 K，是根据人员数量确定的，人员数量越大，疏散要求越高，就越需要尽早报警，以便尽早疏散。

$$N = \frac{S}{K \cdot A} \tag{8.2}$$

式中，N——探测器数量（只），N 应取整数；

S——该探测区域面积（m^2）；

K——修正系数，容纳人数超过10000人的公共场所宜取0.7 ~ 0.8；容纳人数为2000人 ~ 10000人的公共场所宜取0.8 ~ 0.9，容纳人数为500人 ~ 2000人的公共场所宜取0.9 ~ 1.0，其他场所可取1.0；

A——探测器的保护面积（m^2）。

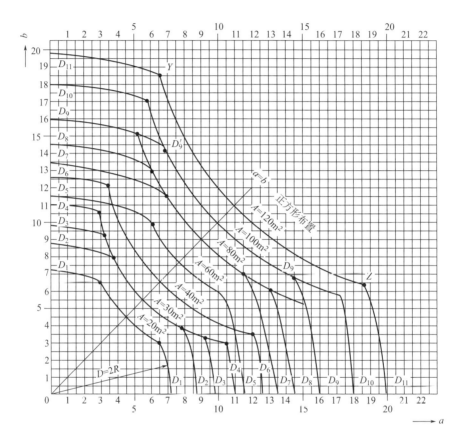

图8.12 探测器安装间距的极限曲线

例1：一个地面面积为30m×40m的生产车间，其屋顶坡度为15°，房间高度为8m，使用点型感烟火灾探测器保护。试问，应设多少只感烟火灾探测器？应如何布置这些探测器？

解：① 确定感烟火灾探测器的保护面积A和保护半径R。查表8.3，得感烟火灾探测器保护面积为$A=80m^2$，保护半径$R=6.7m$。

② 计算所需探测器设置数量。

选取$K=1.0$，按公式（8.2）有$N = \dfrac{S}{K \cdot A} = \dfrac{1200}{1.0 \times 80} = 15$（只）。

③ 确定探测器的安装间距a、b。

由保护半径R，确定保护直径$D=2R=2 \times 6.7=13.4$（m），由图8.12可确定$D_1=D_7$，应

利用 D_7 极限曲线确定 a 和 b 值。根据现场实际，选取 $a=8\text{m}$（极限曲线两端点间值），得 $b=10\text{m}$，其布置方式见图 8.11。

④ 校核按安装间距 $a=8\text{m}$、$b=10\text{m}$ 布置后，探测器到最远点水平距高 R' 是否符合保护半径要求，按公式（8.1b）计算。

$$R' = \sqrt{\left(\frac{a}{2}\right)^2 + \left(\frac{b}{2}\right)^2}$$

即 $R'=6.4\text{m} < R=6.7\text{m}$，在保护半径之内。

5. 火灾探测器布置的要求

（1）梁对探测器的布置影响

当顶棚有梁时，由于梁对烟的扩散会产生阻碍，因而使探测器的保护面积受到梁的影响。如果梁间区域（指高度在 200～600mm 之间的梁所包围的区域）的面积较小，梁对热气流（或烟气流）形成障碍，并吸收一部分热量，那么探测器的保护面积必然下降。探测器保护面积验证试验表明，梁对热气流（或烟气流）的影响还与房间高度有关。

1）当梁突出顶棚的高度小于 200mm 时，在顶棚上设置点型感烟、感温火灾探测器，可不计梁对探测器保护面积的影响。

2）当梁突出顶棚的高度在 200～600mm 时，应按图 8.13 和表 8.5 确定梁对探测器保护面积的影响和一只探测器能够保护的梁间区域的数量。

从图 8.13 可以看出，房间高度在 5m 以上，梁高大于 200mm 时，探测器的保护面积受梁高的影响按房间高度与梁高之间的线性关系考虑。还可以看出，C、D、E、F、G 型感温火灾探测器房高极限值为 4m，梁高限度为 200mm；B 型感温火灾探测器房高极限值为 6m，梁高限度为 225mm；A1、A2 型感温火灾探测器房高极限值为 8m，梁高限度为 275mm；感烟火灾探测器房高极限值为 12m，梁高限度为 375mm。若梁高超过上述限度，在布置火灾探测器时需要考虑梁的影响。

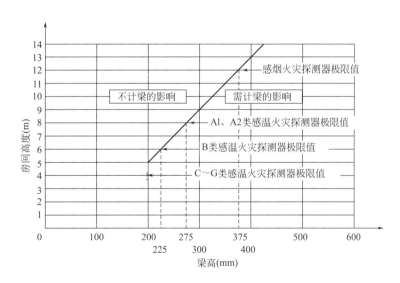

图 8.13 不同高度的房间梁对探测器设置的影响

按梁间区域面积确定一只探测器保护的梁间区域的个数　　　　表8.5

探测器的保护面积 A（m^2）	梁隔断的梁间区域面积 Q（m^2）	一只探测器保护的梁间区域的个数（个）
感温探测器 20	$Q > 12$	1
	$8 < Q \leq 12$	2
	$6 < Q \leq 8$	3
	$4 < Q \leq 6$	4
	$Q \leq 4$	5
30	$Q > 18$	1
	$12 < Q \leq 18$	2
	$9 < Q \leq 12$	3
	$6 < Q \leq 9$	4
	$Q \leq 6$	5
感烟探测器 60	$Q > 36$	1
	$24 < Q \leq 36$	2
	$18 < Q \leq 24$	3
	$12 < Q \leq 18$	4
	$Q \leq 12$	5
80	$Q > 48$	1
	$32 < Q \leq 48$	2
	$24 < Q \leq 32$	3
	$16 < Q \leq 24$	4
	$Q \leq 16$	5

3）当梁突出顶棚的高度超过600mm时，被梁隔断的每个梁间区域应至少设置一只探测器。

4）当被梁隔断的区域面积超过一只探测器的保护面积时，则应将被隔断的区域视为一个探测区域，并应按公式（8.2）计算法计算探测器的设置数量。

5）当梁间净距小于1m时，可视为平顶棚，不计梁对探测器保护面积的影响。

（2）一些特殊条件下探测器的布置要求

1）在宽度小于3m的内走道顶棚上设置点型探测器时，宜居中布置。感温火灾探测器的安装间距不应超过10m；感烟火灾探测器的安装间距不应超过15m；探测器至端墙的距离，不应大于探测器安装间距的1/2。

2）点型探测器至墙壁、梁边的水平距离，不应小于0.5m。

3）点型探测器周围0.5m内，不应有遮挡物。

4）房间被书架、设备或隔断等分隔，其顶部至顶棚或梁的距离小于房间净高的5%

时，每个被隔开的部分应至少安装一只点型探测器。

5）点型探测器至空调送风口边的水平距离不应小于1.5m，并宜接近回风口安装。探测器至多孔送风顶棚孔口的水平距离不应小于0.5m。

6）当屋顶有热屏障时，点型感烟火灾探测器下表面至顶棚或屋顶的距离，应符合表8.6的规定。

点型感烟火灾探测器下表面至顶棚或屋顶的距离　　　　表8.6

探测器的安装高度 h（m）	点型感烟火灾探测器下表面至顶棚或屋顶的距离 d（mm）					
	顶棚或屋顶坡度 θ					
	$\theta \leq 15°$		$15° < \theta \leq 30°$		$\theta > 30°$	
	最小	最大	最小	最大	最小	最大
$h \leq 6$	30	200	200	300	300	500
$6 < h \leq 8$	70	250	250	400	400	600
$8 < h \leq 10$	100	300	300	500	500	700
$10 < h \leq 12$	150	350	350	600	600	800

7）锯齿形屋顶和坡度大于15°的人字形屋顶，应在每个屋脊处设置一排点型探测器，探测器下表面至屋顶最高处的距离，应符合表8.6的规定。

8）点型探测器宜水平安装。当倾斜安装时，倾斜角不应大于45°。

9）在电梯井、升降机井设置点型探测器时，其位置宜在井道上方的机房顶棚上。

（3）探测器的安装要求

1）探测器至墙壁、梁边的水平距离，不应小于0.5m是为了保证探测器可靠探测。

2）在设有空调的房间内，探测器不应安装在靠近空调送风口处。这是因为气流影响燃烧粒子扩散，使探测器不能有效探测。此外，通过电离室的气流在某种程度上改变电离电流，可能导致离子感烟火灾探测器误报。

3）当屋顶有热屏障时，点型感烟火灾探测器下表面至顶棚或屋顶的距离应符合表8.6的要求。由于屋顶受辐射热作用或因其他因素影响，在顶棚附近可能产生空气滞留层，从而形成热屏障。火灾时，该热屏障将在烟雾和气流通向探测器的道路上形成障碍作用，影响探测器探测烟雾。同样，带有金属屋顶的仓库，夏天屋顶下边的空气可能被加热而形成热屏障，使得烟在热屏障下边不能到达顶部，而冬天降温作用也会妨碍烟的扩散。这些都将影响探测器的有效探测，而这些影响通常还与顶棚或屋顶形状以及安装高度有关。为此，需按表8.6中的感烟火灾探测器下表面至顶棚或屋顶的必要距离安装探测器，以减少上述影响。

4）在人字形屋顶和锯齿形屋顶情况下，热屏障的作用特别明显。探测器在不同形状顶棚或屋顶下，其下表面至顶棚或屋顶的距离 d 的示意图如图8.14所示。

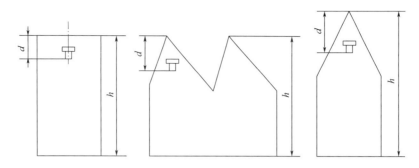

图 8.14 感烟探测器在不同形状顶棚或屋顶下其下表面至顶棚或屋顶的距离 d

5)感温火灾探测器通常受这种热屏障的影响较小,所以感温探测器总是直接安装在顶棚上(吸顶安装)。

6)在房屋为人字形屋顶的情况下,如果屋顶坡度大于15°,在屋脊(房屋最高部位)的垂直面安装一排探测器有利于烟的探测,因为房屋各处的烟易于集中在屋脊处。在锯齿形屋顶的情况下,按探测器下表面至屋顶或顶棚的距离为 d 在每个锯齿形屋顶上安装一排探测器。这是因为,在坡度大于15°的锯齿形屋顶情况下,屋顶有几米高,烟不容易从一个屋顶扩散到另一个屋顶,所以对于这种锯齿形厂房,应按分隔间处理。

7)探测器在顶棚上宜水平安装。当倾斜安装时,倾斜角 θ 不应大于45°。当倾斜角 θ 大于45°时,应加木台安装探测器。探测器的安装角度 θ 为屋顶的法线与垂直方向的交角如图 8.15 所示。

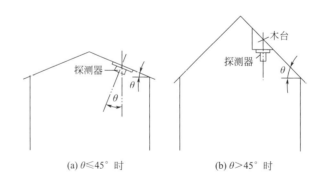

(a) θ≤45° 时   (b) θ>45° 时

图 8.15 探测器的安装角度 θ

8)一般情况下,当顶棚高度不大于5m时,探测器的红外光束轴线至顶棚的垂直距离为0.3m;当顶棚高度为10~20m时,光束轴线至顶棚的垂直距离可为1.0m。

9)相邻两组线型光束感烟火灾探测器的水平距离不应大于14m。探测器至侧墙水平距离不应大于7m且不应小于0.5m。超过规定距离时探测烟的效果很差。探测器的发射器和接收器之间的距离不宜超过100m,是为了保证探测器灵敏度,也是为了防止建筑位移使探测器产生误报,线型光束感烟火灾探测器在相对两面墙壁上安装的平面示意图如图 8.16 所示。

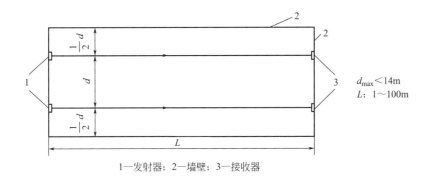

1—发射器；2—墙壁；3—接收器

图 8.16 线型光束感烟火灾探测器在相对两面墙壁上安装平面示意图

（4）探测器的安装接线

火灾探测器能将烟雾、温度或者火焰光等火灾信息由非电信号转换成电信号并传输给控制器和报警装置，因此火灾探测器需要进行接线，它涉及火灾探测器的结构、线制等问题。火灾探测器的线制是指火灾探测器的接线方式，对火灾探测报警及消防联动控制系统报警形式和特性有较大影响。在消防工程中，火灾探测器接线方式有多线制和总线制两种。多线制系统中，火灾探测器和各种功能模块与火灾报警控制器采用多线一一对应的连接方式，这种方式由于使用线缆比较多，布线复杂并且造成资源浪费，所以目前基本舍弃。总线制连接方式与多线制连接方式相比，大大减少系统用线量，工程布线更加灵活，设计、施工更加方便，目前应用广泛。但如果总线发生短路，则整个系统不能正常运行，所以总线中必须分段加入短路隔离器。

总线制连接方式中，所有火灾探测器与火灾报警控制器全部并联在2条或4条导线构成的回路上，火灾探测器没有独立的导线。总线制系统采用地址编码技术，整个系统只用几根总线，建筑物内布线极其简单，给设计、施工、维护带来了极大的方便，因此被广泛采用。

总线制连接方式又分为二总线制、三总线制和四总线制。

四总线制中四条总线为：P线给出探测器的电源、编码、选址信号；T线给出自检信号以判断探测器部位传输线是否故障；控制器从S线上获得探测部位的信息；G线为公共地线。P、T、S、G均为并联方式连接，S线上的信号对探测部位而言是分时的，四总线制探测器的接线如图8.17所示。

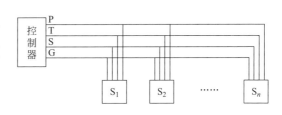

图 8.17 四总线制探测器的接线

二总线制是一种最简单的接线方式，用线量最少，但技术的复杂性和难度也提高了。二总线中的G线为公共地线，P线则完成供电、选址、自检、获取信息等功能。

目前的市场上大多数厂家生产的火灾报警系统多采用二总线制系统，二总线制系统模式是火灾自动报警系统只在消防中心设置一台大容量、多功能的通用火灾报警控制器。

区域报警器只显示本楼的报警、故障等，联动控制信号不经区域报警器，直接由控制中心控制器发出到被控设备。这种火灾自动报警系统集中处理信号，其传输线路较少，操作简单，施工方便。但其火灾报警控制器主机需要处理的信息量大，主机的性能要求高，一般采用微计算机或专用火警计算机构成，并且由于系统中各种火灾探测器和功能模块信号（包括电系统、水系统）是采用编码总线传输的，系统可靠性要求高，抗干扰能力要求强。

二总线系统有树枝型、环型、链接型及混合型几种形式，同时又有有极性和无极性之分，相比之下无极性二总线技术最先进。

1）树枝型接线应用广泛，这种接线如果发生断线，可以报出断线故障点，但断点之后的探测器不能正常工作，二总线树枝型结构如图8.18所示。

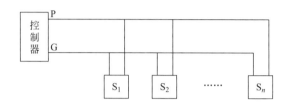

图 8.18　二总线树枝型结构

2）链接型接线系统的P线对各个探测器是串联的，对探测器而言，变成了三根线，对控制器而言还是两根线，二总线链接型结构如图8.19所示。

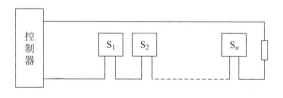

图 8.19　二总线链接型结构

3）环型接线系统要求输出的两根总线再返回控制器另两个输出端子，构成环形。这种接线方式如果中间发生断线不影响系统工作，二总线环型结构如图8.20所示。

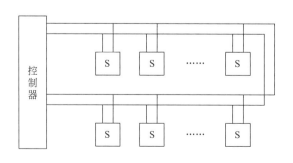

图 8.20　二总线环型结构

【综合考核】

1. 智能家居已经渗透到日常生活的方方面面。清晨,被愉悦的音乐唤醒,窗帘自动拉开让阳光洒满房间;上班后,家用安防系统自动启动,清扫机器人也开启了大扫除模式;下班回家,空调已提前调节好适宜的温度,热水器也准备好了洗澡水;晚上的休闲时间,根据你的需求选择不同的灯光营造氛围。不知不觉间,各类家用智能设备已深度融入日常生活,为人们带来了前所未有的智慧新体验。请根据所学内容,绘制智能照明系统中所用到的传感器的原理、功能及接线方式的思维导图。

2. 某吸烟室地面面积为9m×11.5m,平顶棚,房间高度3m。属重点保护建筑。试完成以下问题:(1)选择使用探测器类型;(2)确定探测器数量;(3)进行探测器的布置。

3. 某书库地面面积为$40m^2$,房间高度为3m,内有两书架分别安在房中间,书架高度为2.9m,问:需要布置几只感烟探测器。

参考文献

［1］黄东军. 物联网技术导论［M］. 2版. 北京：电子工业出版社，2017.

［2］杨鹏，张普宁，吴大鹏，欧阳春. 物联网：感知、传输与应用［M］. 北京：电子工业出版社，2020.

［3］刘伟荣. 物联网与无线传感器网络［M］. 2版. 北京：电子工业出版社，2021.

［4］高泽华，孙文生. 物联网——体系结构、协议标准与无线通信（RFID、NFC、LoRa、NB-IoT、WiFi、ZigBee与Bluetooth）［M］. 北京：清华大学出版社，2020.

［5］中华人民共和国住房和城乡建设部. 建筑施工塔式起重机安装、使用、拆卸安全技术规程：JGJ 196—2010［S］. 北京：中国建筑工业出版社，2010.

［6］中华人民共和国住房和城乡建设部. 建筑塔式起重机安全监控系统应用技术规程：JGJ 332—2014［S］. 北京：中国建筑工业出版社，2014.

［7］中华人民共和国住房和城乡建设部. 建筑边坡工程技术规范：GB 50330—2013［S］. 北京：中国建筑工业出版社，2013.

［8］中华人民共和国住房和城乡建设部. 建筑基坑支护技术规程：JGJ 120—2012［S］. 北京：中国建筑工业出版社，2012.

［9］中华人民共和国住房和城乡建设部. 建筑环境通用规范：GB 55016—2021［S］. 北京：中国建筑工业出版，2021.

［10］陈荣保. 传感器原理及应用技术［M］. 北京：机械工业出版社，2022.

［11］刘娇月，杨聚庆. 传感器技术及应用项目教程［M］. 2版. 北京：机械工业出版社，2022.

［12］付华，徐耀松，王雨虹. 传感器技术及应用［M］. 北京：电子工业出版社，2017.

［13］周润景，李茂泉. 常用传感器技术及应用［M］. 2版. 北京：电子工业出版社，2020.

［14］曾凡奎. 高大模板支架结构体系安全控制［M］. 北京：中国电力出版社，2014.

［15］李帅甫. 高大模板支撑系统关键参数远程监测技术研究［D］. 天津：河北工业大学，2018.

［16］郁志明. 塔吊安全监控系统的设计与研究［D］. 沈阳：东北大学，2017.

［17］丘北刘. 高支模智能监测系统应用［J］. 四川建材，2018（03）：203-204.

［18］中华人民共和国住房和城乡建设部. 火灾自动报警系统设计规范：GB 50116—2013［S］. 北京：中国计划出版社，2014.